大学问

始于问而终于明

守望学术的视界

Robert Kane

A
Contemporary
Introduction
to
Free Will

当代自由意志导论

［美］罗伯特·凯恩 | 著
徐向东 | 译

广西师范大学出版社
·桂林·

当代自由意志导论
DANGDAI ZIYOU YIZHI DAOLUN

A CONTEMPORARY INTRODUCTION TO FREE WILL was originally published in English in 2005. This translation is published by arrangement with Oxford University Press. Guangxi Normal University Press Group CO., LTD. is solely responsible for this translation from the original work and Oxford University Press shall have no liability for any errors, omissions or inaccuracies or ambiguities in such translation or for any losses caused by reliance thereon.

《当代自由意志导论》英文原版出版于2005年。此译本经牛津大学出版社安排出版。广西师范大学出版社对此译本负有全部责任，牛津大学出版社对此译本中的任何错误、遗漏、不准确、歧义，以及因此而产生的损失概不负责。

© as per Oxford University Press edition

著作权合同登记号桂图登字：20-2024-159 号

图书在版编目（CIP）数据

当代自由意志导论 /（美）罗伯特·凯恩著；徐向东译. -- 桂林：广西师范大学出版社，2025. 2.
ISBN 978-7-5598-7460-3

Ⅰ．B82-02

中国国家版本馆 CIP 数据核字第 20247EW174 号

广西师范大学出版社出版发行

（广西桂林市五里店路 9 号　邮政编码：541004）
（网址：http://www.bbtpress.com）

出版人：黄轩庄
全国新华书店经销
广西昭泰子隆彩印有限责任公司印刷
（南宁市友爱南路 39 号　邮政编码：530001）
开本：880 mm×1 240 mm　1/32
印张：11.125　　字数：240 千
2025 年 2 月第 1 版　2025 年 2 月第 1 次印刷
印数：0 001~6 000 册　定价：68.00 元

如发现印装质量问题，影响阅读，请与出版社发行部门联系调换。

目 录

致谢 *1*

第一章　自由意志问题 *3*
第二章　相容论 *21*
第三章　不相容论 *41*
第四章　意志自由论、非决定论与机遇 *56*
第五章　心灵、自我与行动者原因 *71*
第六章　行动、理由与原因 *95*
第七章　自由意志是可能的吗？强硬决定论者与其他怀疑论者 *121*
第八章　道德责任与可供取舍的可能性 *144*
第九章　高阶欲望、真实自我与新相容论者 *168*

第十章　反应态度理论　*193*

第十一章　终极责任　*216*

第十二章　自由意志与现代科学　*237*

第十三章　预先注定、神的预知与自由意志　*263*

第十四章　结语：五种自由观　*292*

索引　*312*

译后记　*341*

致谢

本书引用和讨论的所有作者都对我思考自由意志并构思本书产生了影响。我特别想感谢那些对本书初稿提出有益评论的人，特别是罗伯特·米勒（Robert Miller，牛津大学出版社《哲学基础》丛书编辑）、迈克尔·麦肯纳（Michael McKenna）、卡尔·吉内特（Carl Ginet）、约翰·马丁·费希尔（John Martin Fischer）、克里斯多夫·潘扎（Christopher Panza）、乌尔里克·霍伊尔（Ulrike Heuer）以及牛津大学出版社的几位匿名评审人员。最后，我想感谢克劳德特·凯恩（Claudette Kane），她的批判性眼光和细心编辑在本书中无处不在。

第一章　自由意志问题

一　引言

> 有一场在必然论者和自由意志的信徒之间的辩论,它将继续下去,直到世人从死者中复活。

这是莫拉维·贾拉鲁丁·鲁米的话,他是13世纪波斯诗人和神秘主义者。他谈到的自由意志和必然性(或决定论)问题,是最困难的一类问题,从最近的哲学史来看,它们"也许是所有哲学问题中争论最多的问题"。关于自由意志的争论既对宗教产生了影响,也受到宗教和科学的影响。

约翰·弥尔顿在其经典诗作《失乐园》中描述了天使们的辩论:既然上帝已经赋予他们智慧和快乐,他们中的一些人怎么可能出于自己的自由意志而犯罪？他们为什么要这么做？既然是上帝造就了他们，并且完全预知了他们将要做的事，那么为什么正是他们自己而不是上帝要为他们的罪负责？根据弥尔顿的说法，面对这些问题，即使是天使也"迷失在无尽的迷宫中"（这对我们人类来说不是一个令人欣慰的想法）。

在科学前沿，关于自由意志的争论促使我们去询问物理宇宙的本质以及我们在其中的地位（我们是由物理定律和原子的运动来决定的吗？），询问人类心理和行动的根源（那些了解我们心理的人能预测我们的行为吗？），询问社会条件（我们是由遗传和环境、出身和教养决定的吗？）。

在哲学中，关于自由意志的争论引出了关于罪与罚、应受责备（blameworthiness）与责任、强迫与控制、心灵与身体、必然性与可能性、时间与机遇、对与错等问题。因此，自由意志问题不容易被纳入某个哲学领域，而是涉及伦理学、社会与政治哲学、心灵哲学、形而上学、知识论、法哲学、科学哲学和宗教哲学等学科。

要理解"自由意志的问题"是什么，以及数个世纪以来它为什么一直困扰着那么多人，最好的方法是从我们都理解或自认为理解的两个熟悉概念入手——自由和责任。

二 自由

在现代社会,没有什么比自由更重要了。世界各地的人们都呼喊着要自由;世界的整个趋势(尽管经常遭到暴力抵抗)都是朝着更自由的社会发展。但是,我们为什么想要自由呢?简单但并不完全适当的回答是,我们拥有越多的自由,就越能满足自己更多的欲望。在一个自由的社会里,我们想买什么就买什么,想去哪里就去哪里。我们可以选择看什么电影,读什么书,投票给谁。

但是,你可以称这些自由为"**表层自由**"。我们所说的**自由意志**比这些平淡无奇的自由更为深刻。为了明白何以如此,假设我们为了满足我们的欲望而有最大的自由做出刚才提到的那些选择,但我们做出的选择实际上是被他人操纵的,是被当权者操纵的。在这样一个世界里,我们将有大量的日常自由去做我们想做的事,然而我们的**意志**自由会受到严重限制。我们可以自由地**行动**或选择我们想要**什么**,但我们对自己想要的东西没有最终控制权。其他人会在幕后操纵,不是强迫或胁迫我们去做违背自己意愿的事情,而是操纵我们去具有他们希望我们具有的愿望。

现在你可能会想到,在某种程度上,我们确实生活在这样一个世界里,在那里我们可以自由地做出选择,但也可能被广告、电视、舆论操纵者、销售人员、市场营销人员,有时甚至被朋友、父母、亲戚、竞争对手或敌人操纵而做出许多选择。表明自由意志对我们来说有多重要的一个迹象是,人们对这种操纵感到厌恶,当他们发现自己受到操纵时,他们会觉得自己被贬低了。他们意识到,他们可能认为自己是独立自主的人,因为他们是在按照自己的欲望和目的来进行选择,但他们的欲望和目的一直以来都被其他人操纵,这些人希望他们做出与自己完全一样的选择。这种操纵有辱人格,因为当我们受到这种操纵时,我们意识到我们不是独立自主的;拥有自由意志大致就是要做自己的主人。

这个问题在20世纪的乌托邦小说中得到了很好的阐释,比如奥尔德斯·赫胥黎的《美丽新世界》和伯尔赫斯·弗雷德里克·斯金纳的《瓦尔登湖第二》。(你可能很熟悉类似主题的新近电影或科幻作品。)在这些经典作品所描述的未来主义社会中,人们可以拥有他们想要的东西和做他们选择的事情,但他们从出生起就受到了行为工程师或神经化学家的训练,因此他们只想要自己能够拥有的东西和选择他们能够做的事情。在《美丽新世界》中,下层工人受到强效药物的影响,因此他们不会去想自己不能拥有的东西。整个周末他们都全然满足于打迷你高尔夫球。他们可以做他们想做的事,但他们的欲望受到了药物的限制和控制。

斯金纳《瓦尔登湖第二》中的居民比《美丽新世界》中的

工人过得好。然而，生活在瓦尔登湖第二中的那些人的欲望和目的也受到了行为工程师的暗中控制。瓦尔登湖第二的居民集体生活在一个可以被称为"乡村公社"的地方；因为他们共同承担农业劳动和抚养孩子的责任，他们有很多闲暇时间。他们追求艺术、科学和手工艺，从事音乐表演，享受着看似愉快的生活。事实上，小说的主角，一个叫弗雷泽的家伙，创立了瓦尔登湖第二，他直言不讳地说，他们的快乐生活来自这样一个事实：在他的社区里，人们可以做任何他们想做或选择的事情，因为他们从小就受到行为训练，只想要他们能够拥有的东西和选择他们能够做的事情。

弗雷泽接着挑衅性地补充说，在他看来，瓦尔登湖第二"是世界上最自由的地方"，因为那里的人们能够选择和做任何他们想做的事情。从某种意义上说，他是对的。瓦尔登湖第二中不需要**强迫**或**惩罚**（没有监狱）。没有谁会被迫去做违背自己意志的事情。没有谁骚扰居民，也没有谁必须骚扰他们。然而，我们可能想知道，瓦尔登湖第二究竟**是不是**世界上最自由的地方。瓦尔登湖第二中所有这些**表层**自由难道不是以牺牲更深层次的**意志**自由为代价的吗？瓦尔登湖第二的居民确实可以做任何他们想做或愿意做的事情，但他们对自己想做或愿意做的事情没有最终的决定权。他们的意志是由他们无法控制的因素决定的。这种异议实际上是这部小说中一位弗雷泽的批评者提出的，他是一位拜访瓦尔登湖第二的哲学家,名叫卡斯尔(Castle)。

但是,弗雷泽对卡斯尔的批评并不在意。他承认,在瓦尔登湖第二中,确实没有这种被认为层次更深的意志自由,但他论证说这并不是真正的损失。与小说作者斯金纳(心理学中行为主义的主要捍卫者)相呼应,弗雷泽认为所谓意志自由,即卡斯尔和其他哲学家数个世纪以来一直鼓吹的那种自由,是一种幻觉。他说,无论是在瓦尔登湖第二内部,**还是**在其外面,我们都没有这种自由,也不可能拥有这种自由。在我们的日常生活中,我们就像瓦尔登湖第二的居民那样,都只是教养和社会训练的产物,尽管我们可能会欺骗自己,让自己有不同想法。我们之所以会认为我们是自己意志的创造者或原创者,只是因为我们没有意识到对我们产生影响的大多数遗传、心理和社会因素。此外,在弗雷泽看来,如下想法是一个不可能实现的理想:我们可以成为自己意志的终极的或"原始的"创造者——我们可以在某种程度上成为"我们自己的原因"。如果我们追溯行动的心理根源,比如追溯到童年,我们就会发现,那时我们的自由不是更多,而是更少。

因此,当弗雷泽呼应斯金纳等许多其他现代思想家时,他就下了战书:那种所谓更加深层的意志自由,是哲学家和神学家在我们对行为的隐藏原因有更多的理解之前想象出来的幻觉。这是一种过时的想法,在现代科学的世界图景或人类图景中没有立足之地。(请注意,在《瓦尔登湖第二》中,为这种

"过时"观念辩护的哲学家被赋予了一个听起来像中世纪的名字,即"城堡"。)为什么要牺牲对我们来说真正重要的日常自由,即不受强迫、惩罚、约束、压迫等的自由,来换取一种我们无论如何都不可能拥有的虚幻的意志自由呢?

三 责任

以这种方式反思**自由**的观念是通往自由意志问题的一条途径。另一条途径是反思**责任**的概念。自由意志也与行动的归责(accountability)、应受责备和值得赞扬的概念密切相关。

假设一个年轻人因袭击和抢劫他人而受审,其中受害者被殴打致死。假设我们参加了对他的审判并在法庭上听取了证据。起初,我们对被告的态度是愤怒和怨恨。那个年轻人的所作所为太可怕了。但是,当我们每天都听到他是如何养成他确实具有的低劣品格和堕落动机——一个关于父母疏于照顾、虐待儿童、性虐待和不良榜样的悲惨故事时,我们对被告的一些怨恨就转移到了对他进行伤害和虐待的父母和其他人身上。我们开始对他们和他都感到愤怒。(请注意这种反应是多么自然。)然而,我们还没有准备好把所有的责备都从这个年轻人身上转移开。我们想知道是否有一点剩余的责任属于他。我们的问题变成:**他**在多大程度上要对成为现在这样的人负责?他的行为**都是**由父母教养不当、社会照顾不周、社会训练失败等因素造成的吗？还是说他在选择其行为时起到了一些作用？

这些都是关于自由意志的关键问题，也是关于那个年轻人的所谓"终极责任"的问题。我们知道，父母教育和社会、天性和教养，会对我们成为什么人和是什么人产生影响。但这些影响是发挥了完全**决定性的作用**，还是为我们"留下了"我们要负责的东西？这就是我们想了解的关于那个年轻人的事情。他究竟只是恶劣环境的受害者，还是要对他成为现在的样子负有一些剩余责任。也就是说，他到底是不是**出于自己的自由意志**而成为现在的样子，这个问题似乎取决于这些其他因素是否**完全**是决定性的。

四 决定论与必然性

当人们通过这样的反思而开始怀疑，他们的行动可能是由他们不知道和无法控制的因素来决定的，或者因为这些因素而变得必然时，自由意志问题就在人类历史上出现了。这就解释了为什么**决定论**或**必然性**学说在关于自由意志的争论的历史中如此重要。每当决定论学说出现时，它们的出现就表明人类已经达到了一个更高的自我意识阶段，在这个阶段，他们开始对其行为的来源、对自己在宇宙中作为行动者的地位感到疑惑。古代哲学家亚里士多德说过，哲学始于**好奇**，而没有任何好奇比对自由意志的好奇更深刻地影响我们的自我形象。我们不想成为某个未知棋局中的棋子。

决定论学说在历史上有许多种形式。在不同时期,人们想知道他们的选择和行动究竟是不是由命运或上帝来决定的,是不是由物理定律或逻辑定律来决定的,是不是由遗传和环境来决定的,是不是由无意识的动机、心理条件或社会训练来决定的,等等。但是,在历史上,所有决定论学说都有一个核心观念,它揭示了为什么决定论学说构成了对自由意志的威胁——无论这些学说是宿命论的、神学的、逻辑的、物理的、心理的还是社会的。按照这个核心观念:

> 当早期的条件存在(例如命运的判决或者上帝的预定行为,又或者先行原因加上自然法则),而且这些条件的出现是一个事件(比如一个选择或一个行动)发生的充分条件时,该事件就**被决定**了。换句话说,情况**必定**是这样:**如果**这些早期的决定性条件存在,那么那个被决定的事件就会发生。

用更熟悉的术语来说,我们可以说,在决定性条件已经出现的情况下,一个被决定的事件是**不可避免的**或**必然的**(它不可能不发生)。如果命运裁定或者上帝预先决定(又或者自然法则和先前的原因决定)约翰**将会**选择在某个时间去萨马拉,那么约翰**就会**选择在那个时间去萨马拉。因此,决定论是一种必然性,但它是一种有条件的必然性。不管其他什么事情发生了,一个被决定的事件不一定要发生(它不一定是**绝对必然的**)。但是,当决定性条件已经出现时,它必定会发生。如果命运的判决有所不同,或者过去在某个方面有所不同,约翰可能就会决定去大马士革而不是去萨马拉了。历史上的决定论学说指称不同的决定性条件。但是,所有决定论学说都意味着,每一个事件,或者至少人们做出的每一个选择和行动,在这个意义上都是由某些决定性条件决定的。

五 自由选择与开放未来

为了明白决定论和自由意志之间的冲突在哪里,要再考虑一下自由意志要求什么。当我们认为自己是能够以各种方式影响世界的行动者时,我们相信自己有自由意志。开放取舍(open alternatives),或者说可供取舍的可能性(alternative possibilities),似乎摆在我们面前。我们在它们之间进行推理和慎思,然后做出选择。我们觉得,我们选择什么和如何行动是"由我们来决定的",而这意味着我们本来就可以以其他方式做出选择或采取行动。正如亚里士多德所指出的:当行动"由我们来决定"时,不行动也是由我们来决定的。这种"由我们来决定"还表明,我们行为的终极来源在于我们自身,而不在于我们外部的、不由我们来控制的因素。

如果自由意志要求这些条件,那么我们就可以明白为什么决定论会对自由意志构成威胁。如果某种形式的决定论是真的,那么我们从一系列可供取舍的可能性中选择什么,似乎就不是"由我们来决定的",因为只有一个选项是可能的。而且,我们行为的来源或起源似乎就不"在于我们自身",而是在于我们外部的某种不由我们控制的其他东西(比如命运的判决、上帝的预定行为,或者先行的原因和自然法则)。

为了阐明这些冲突,假设莫莉刚刚从法学院毕业,并且要在加入达拉斯的一家大律师事务所和奥斯汀的一家小律师事务所之间做出选择。如果莫莉相信她的选择是一个**自由的**选择(是"出于她自己的自由意志"做出的选择),那么她就必须相信,在她进行慎思的时候,两个选项都是"开放的"。她可以任选其一。(如果她不相信这一点,慎思还有什么意义呢?)但这意味着她必须相信通往未来的道路不止一条,而且选择哪一条路"取决于她"。这样一幅具有分岔路径的开放未来的图景(我们可以称之为"有分岔路径的花园"[图1.1])对我们理解自由意志来说至关重要。我们甚至可以说,这样一幅通往未来的不同的可能道路的图景,对于如下问题也至关重要:作为一个人和过一种人类生活究竟意味着什么?

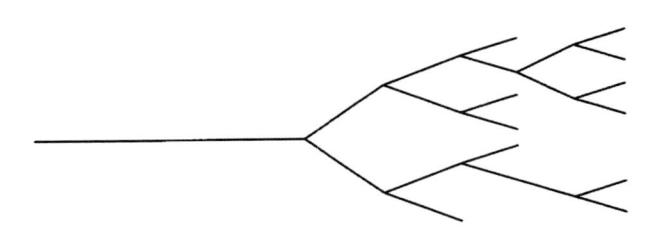

图 1.1　有分岔路径的花园

但是,决定论威胁到了这一图景,因为它似乎意味着通往未来的道路只有一条,而不是多条。然而,在自由意志这样一个充满争议和困难的问题上,第一印象并不是一个可靠的指导。我们将看到,许多哲学家和科学家(尤其是现代哲学家和科学家)都认为,尽管表面上相反,决定论对自由意志并不构成真正的威胁,至少没有对任何"值得向往"(就像丹尼尔·丹尼特所说的那样)的自由或自由意志构成真正的威胁。他们说,图 1.1 所描绘的开放的未来或有分岔路径的花园看起来很有说服力,但它隐藏了许多难题和困惑。

因此,决定论是否为真的问题("决定论问题")并不是我们开始研究自由意志时必须关心的唯一问题。我们还必须考虑决定论是否真的与自由意志相冲突。(第二个问题通常被称为"相容性问题"。)让我们依次来看这两个问题。

六　决定论问题与现代科学

许多人都很好奇:当普遍决定论甚至在曾经是决定论大

本营的物理科学中也不再被接受时,为什么对决定论的担忧在今天仍然存在?18 世纪的一位伟大的物理学家拉普拉斯侯爵设想了一个超级智能生物(通常被称为"拉普拉斯妖"),它在一瞬间就知道关于宇宙的所有物理事实,而且,通过应用牛顿运动定律,它可以知道未来要发生的一切,甚至是最微小的细节。

直到 19 世纪末,许多科学家和哲学家都把拉普拉斯或牛顿的那种普遍物理决定论视为理所当然的,但今天它不再被看作理所当然的。你可能很熟悉这样一个主张,即现代量子物理学将非决定论或偶然性引入了物理世界。据说,基本粒子的许多行为,从原子的量子跃迁到放射性衰变,都是无法精确预测的,只能用统计定律来解释,而不能用决定论定律来解释。我们还被告知,按照关于量子物理世界的不确定性和非决定性的标准观点,这种不确定性和非决定性之所以产生,并不是由于我们作为认知主体的局限性,而是源于基本粒子本身的不同寻常的本质,例如,质子和电子既有波状性质,也有粒子性质。没有任何超级智能(也许哪怕是上帝)能够知道宇宙中所有粒子在给定时刻的确切位置和动量,因为粒子不可能同时**拥有**精确的位置和动量(海森堡不确定性原理),所以,它们未来的行为是无法被精确地预测或决定的。

人们可能会认为,现代物理学中这些非决定论的发展已经处理掉了哲学上对自由意志的担忧。如果决定论甚至在物理世界中都不是真的,为什么要担心自由意志与决定论相冲突呢?然而有趣的事实是,尽管物理学有了这些发展,但对自由意志的担忧并没有在20世纪消失。对人类行为决定论的关注一直持续到今天,关于自由意志的争论比以往任何时候都更激烈。为什么会这样呢?现代物理学中非决定论的发展之所以还没有消除对自由意志和决定论的传统关注,是有四个原因的。

首先,基本粒子的新量子世界就像自由意志本身一样神秘,关于如何解释它仍有很多争论。量子物理学的标准观点认为,基本粒子的行为涉及偶然性,是没有被决定的。但是,这些标准观点受到了挑战,有其他按照决定论来解释量子理论的方式。[①] 这些不同的解释如今在物理学理论当中属于少数派,它们是有争议的,但不能被排除。还有一种可能性是,现代量子物理学有一天会被一种更全面的决定论理论取代。因此,物理世界的决定论问题并没有得到最终解决。但是,现代物理学确实给了我们更多的理由相信,与牛顿和拉普拉斯的经典物理学相比,非决定论和偶然性在物理宇宙中可能扮演着更重要的角色。因此,自然界中可能有更多自由意志的空间,尽管这个说法并不是有保证的。

---

① 与自由意志问题相关的对量子物理学的各种解释,参见如下文集中 Robert Bishop 和 David Hodgson 的文章:Robert Kane (ed.), *The Oxford Handbook of Free Will* (Oxford: Oxford University Press, 2002)。

但是，还有第二个问题。假设如下说法是真的：基本粒子的行为并不总是被决定的。这与**人类行为**有什么关系呢？当代决定论者经常指出，虽然量子不确定性对基本粒子（例如电子和质子）可能很重要，但基本粒子的不确定性效应在人脑和人体之类的大型物理系统中通常是微不足道的。① 从量子物理学本身的观点来看，涉及许多粒子和更高能量的复杂物理系统在其行为上往往是有规律的和可预测的。因此，泰德·杭德里克之类的现代决定论者论证说，不管关于电子和质子的真相如何，我们都可以"出于所有实际目的"而继续把人类行为看作被决定的或"近乎被决定的"。这是自由意志争论中最为重要的一点。

第三点使问题变得更加复杂。为了便于讨论，假设量子跃迁或者大脑或身体中其他未被决定的事件有时**确实**会对人类行为产生大规模的未被决定的影响。这对自由意志有什么帮助吗？假设一个选择是量子跃迁或人脑中其他未被决定的事件的结果。这是一个**自由的**或负责任的选择吗？大脑或身体中这种未被决定的影响是偶然发生的、不可预测的和无法控制的，就像一个人无法预测或控制的突发奇想或手臂抽搐一样。这样一种效果将是我们采取的自由和负责任的行动的对立面。

---

① 例如 Ted Honderich, *How Free Are You?* (Oxford: Oxford University Press, Clarendon Press, 1993)。

古代伊壁鸠鲁派哲学家也提出了类似异议,他们认为,如果自然界中存在自由意志的空间,原子就必须以偶然的方式"转向"。这些批评者问道,原子的偶然转向如何有助于让我们具有自由意志？大脑或身体中发生的未被决定的事件似乎会自发地发生,而且就像癫痫一样是一种更令人讨厌的事情,或者是一种魔咒,而不是对我们的自由的一种增强。如果自由意志与**决定论**不相容,那么它似乎也与**非决定论**不相容,因为非决定论似乎是纯粹的偶然性。

除了这些考虑,我们还可以补充如下问题的第四个也是最后一个原因：现代物理学中非决定论的发展为什么并没有消除人们对自由意志和决定论的担忧？当决定论在过去一个世纪里在物理科学中逐渐衰落的时候,物理学以外的科学(生物学、生物化学、神经科学、精神病学、心理学以及其他社会和行为科学)的发展却一直朝着相反的方向运动。这些科学使许多人确信,与以往的看法相比,他们的行为更多是由他们既不知道也无法控制的原因决定的。

在物理学以外的科学领域,有很多发展暗示了决定论,但它们肯定包括对基因和遗传对人类行为的影响的更深入认识。(请注意,最近的人类基因组图谱所引发的争议,自然会引发人们对通过基因操纵来控制未来行为的担忧。)其他相关的科学发展提出了更多的问题。我们现在对大脑的生化影响有了更深刻的认识：激素、神经递质,以及人类情绪和行为对不同药物的敏感性,而这些药物从根本上影响了我们的思想和行为方式。精神分析和其他无意识动机理论的出现,提出了思考人类大脑的新方法,这些方法不亚于计算机和智能机器的发展,即便计算机和智能机器是预先编程的,它们也可以做很多我们能做的事情(比如计算机国际象棋大师"深蓝")。对动物和人类行为的比较研究则进一步丰富了我们的理解,表明我们的动机和行为是我们进化史的产物,并帮助我们看到心理、社会和文化训练对成长和随后行为的影响。

我们每天都通过报刊得知这些科学发展,很难不受其影响。当然,对我们行为的这些最近发现的影响并不能确定地证明我们缺乏自由意志。在所有生物、心理和社会因素对我们的影响中,我们可能仍然有一些行使我们的自由意志的余地。但是,在物理学以外的领域中,这些新的科学发展确实表明,为什么尽管物理学有非决定论的发展,但对人类行为的决定论的担忧在当代关于自由意志的争论中仍然存在。对人类行为的决定论的持续担忧让我们(在下一章)将要提出的第二个关键问题变得更加重要,即相容性问题:决定论与自由意志真的冲突吗,抑或二者是相容的?就像许多现代思想家所相信的那样,如果自由意志和决定论之间真的没有冲突,那么我们就不必担心所有这些新的科学发展会对我们的自由造成威胁。因为即使决定论最终被证明是真的,我们也仍然可以是自由的和负责任的。

11 建议阅读材料

有三本关于自由意志的文献选集涉及本书的许多论题：Gary Watson (ed.), *Free Will* (Oxford, 2003); Robert Kane (ed.), *Free Will* (Blackwell, 2002); Laura Waddell Ekstrom (ed.), *Agency and Responsibility: Essays on the Metaphysics of Freedom* (Westview, 2000)。对本书所讨论的大多数论题的深入探讨,参见 Robert Kane (ed.), *The Oxford Handbook of Free Will* (Oxford, 2002)。

第二章 相容论

一 引言

决定论和自由意志之间实际上没有冲突——自由意志和决定论是相容的。这种观点被称为"**相容论**"。这是我们要考虑的第一种关于自由意志的观点。相容论已经成为现代哲学中越来越受欢迎的学说,因为它为自由意志问题提供了一种看似整洁和简单的解决方案。如果像相容论者所说的那样,自由意志和决定论之间实际上没有冲突,那么自由意志这个古老的问题就迎刃而解了。

在一些学者看来,一些古代哲学家,比如斯多亚学派,也许还有亚里士多德,都持有相容论。但是,自17世纪以来,相容论变得特别流行。有影响力的现代哲学家,例如托马斯·

霍布斯、约翰·洛克、大卫·休谟和约翰·斯图尔特·密尔，都是相容论者。他们认为相容论是一种把我们对自由的日常经验与关于宇宙和人类的科学观点调和起来的方法。出于类似原因，在当今的哲学家和科学家当中，相容论仍然很流行。如果相容论者是正确的，我们就可以同时拥有自由和决定论，也不必担心未来的科学会以某种方式削弱我们的日常信念，即我们是自由和负责任的行动者。

这是一个令人欣慰的想法。但是相容论可信吗？从我自己的经验来看，大多数人在第一次遇到自由意志和决定论可能相容这一想法时，都会抵制这种想法。决定论可能与自由和责任相容这一观点，初看之下就像威廉·詹姆斯所说的"逃避的困境"，或者康德在称呼霍布斯和休谟的相容论时所说的"可怜的托词"。如果要让普通人认真地看待相容论，就必须通过哲学论证说服他们放弃自由意志与决定论不相容这一自然信念，而提供这样的论证就是相容论者试图做的。

二 自由作为缺乏约束

相容论者论证的第一步是要求我们反思一下如下问题：说行动或选择是"自由的"在日常的意义上究竟是什么意思？说我今天早上可以自由地坐公交车是什么意思？这并不意味着我实际上会坐公交车，因为我可能会选择不坐公交车。但是，要是我想要或决定乘坐公交车，那么，只要我有**力量**（power）或**能力**（ability）乘坐公交车，我就可以自由地乘坐公交车。那么，自由首先是一种做某事的力量或能力，一种我可以选择行使，也可以选择不行使的力量。①

第二，作为我的自由的这种力量或能力意味着没有任何**约束**或**障碍**阻止我去做我想做的事情。如果有各种各样的事情阻止我，我就不能自由地乘坐公交车：比如，我被关在监狱中或者有人把我绑起来（身体束缚）；或者有人拿枪指着我，命令我不许动（强迫）；或者我瘫痪了（缺乏能力）；或者公交车今天不运行（缺乏机会）；或者对挤公交车的恐惧迫使我避开公交车（强制）；等等。

通过把这些想法放在一起，相容论者就认为，自由，就像我们通常所理解的那样，在于有**力量**或**能力**去做我们想做或渴望去做的事（第一点），而这又意味着**没有约束或障碍**（例如身体束缚、强迫和强制）阻止我们去做我们想做的事（第二点）。让我们把按照这两点来定义的自由观称为"古典相容论"。大多数传统相容论者，例如霍布斯、休谟和密尔，在这个意义上都是古典相容论者。霍布斯简洁地阐述了这一观点，他说，当一个人发现"在做自己有意愿、欲望或倾向去做的事

---

① "power"这个术语指的是做某事的能力或机会，因此不同于一个人单纯具有的做某事的内在能力（ability）。在某些语境中，我把它译为"力量"。——译者注

情时没有受到阻挡,他就是自由的"①。霍布斯指出,如果这就是自由的意义,那么自由与决定论是相容的。因为,正如他所说,可能没有任何约束或障碍阻止人们去做他们"愿意或渴望去做的事情",即使事实表明他们的意愿或欲望是由他们的过去决定的。

但是,自由难道不也需要通往未来的其他路径,因此要求**采取与之前不同的行为**(to do otherwise)②的自由吗?古典相容论者如何说明那种采取其他行动的自由呢?他们首先同样是按照上述两个条件(第一点和第二点)来定义采取与之前不同的行为的自由。如果你有力量或能力**避免**乘坐公交车(第一点),那么你可以自由地不乘坐公交车,而这就意味着:如果你想乘坐公交车,也没有约束阻止你**不**乘坐公交车(例如,没有谁拿着枪强迫你上公交车)。

当然,缺乏阻止你采取与之前不同的行为的约束并不意味着你真的会去采取与之前不同的行为。但是,对古典相容论者来说,采取与之前不同的行为的自由确实意味着,如果你**本来就**想要或渴望去采取与之前不同的行为,那么你就会去采取与之前不同的行为(没有什么会阻止你)。他们论证说,

---

① Thomas Hobbes, *Leviathan* (Indianapolis: Bobbs-Merrill, 1958), p. 108.
② 在自由意志领域中,"to do otherwise"这个说法指的是:当行动者已经实际上采取某个行动或做出某个决定时,他可以不这样做,而且可以采取其他的行动或做出其他的决定,或者以其他方式行动或做出决定。为了方便,我们姑且将它译为"采取与之前不同的行为",而在这里,"行为"可以指行动、决定或选择。——译者注

如果采取与之前不同的行为的自由具有这种**条件**含义或**假设**含义(**如果**你**想要**……你**就会**……),那么采取与之前不同的行为的自由也将与决定论相容。因为情况可能是这样的:如果你本来就想采取与之前不同的行为,那么你本来就会这样做,即使你实际上不想这样做,即使你想做的事情是被决定了的。

三 意志自由

对自由的这种古典相容主义阐述是可信的吗?它似乎确实抓住了第一章所讨论的**表层自由**。你可能还记得,表层自由是那些日常生活中的自由,例如想买什么就买什么,想去哪里就去哪里,想什么时候坐公交车就什么时候坐公交车,而在这样做时没有什么东西阻碍我们。这些日常的自由似乎确实相当于:第一,我们有力量或能力做我们想做的事情(而且,**如果**我们想采取与之前不同的行为,我们也有力量采取与之前不同的行为);第二,在没有任何约束或障碍的情况下这样做。但是,即使古典相容论者对自由的分析确实抓住了第一章所讨论的这些表层的**行动**自由,但它是否也抓住了"深层的"**意志自由**呢?

古典相容论者以两种方式来回答这个问题。首先,他们说:

这完全取决于你对"意志自由"的理解。从某种意义上说,意志自由有一个完全普通的含义。对我们大多数人来说,它意味着**选择**或**决定**的自由。但是选择或决定的自由可以用与我们相容论者分析一般的行动自由相同的方式来分析。例如,只要你满足如下条件,你就可以被认为自由地**选择**借钱给朋友:你在这样一种意义上有力量或能力选择借钱,即**如果**你想借钱给朋友,而且,只要你本来就想做出其他选择(选择不借钱),也没有什么东西会阻止你**做出其他的选择**,那么就没有任何约束会阻止你做出那个选择。

简而言之,相容论者认为,我们可以就像处理其他类型的自由行动那样来处理自由的选择或决定。因为选择或决定也会像其他类型的行动一样受到约束;当选择或决定受到约束时,它们也是不自由的。例如,你可能已经被洗脑或催眠,因此你本来就不能做出其他选择(选择不借钱),**即使**你想做出这样的选择。洗脑和催眠之类的条件是可以剥夺自由的进一步的约束;它们有时甚至剥夺了我们选择自己本来就想选择的东西的自由。当洗脑或催眠发挥这样的作用时,它们就剥夺了我们的**意志**自由。

还有一个对选择或决定进行约束的例子。假设一个男人拿枪指着你的头说"若不给钱,就要你的命"时,他是在给你一个选择。你可以选择交出钱,或者冒着失去生命的危险。但是,在另一种意义上说,如果你相信那个家伙是认真的,那么他根本就没有给你任何真正的选择。因为失去生命的可能性是如此可怕,以至你根本就没有选择。因此,你交出钱的选择并不是真正自由的。它是**被强迫的**,强迫是对你的选择自由或意志自由的约束。强盗的行为让你无法做出你真正想做的选择,即既要钱**又**要命。

因此,相容论者对于"意志自由"的第一反应是说:如果意志自由就是我们通常所说的那个意思,即**不受约束的选择或决定的自由**,那么意志自由也可以被赋予一种相容论的分析。当没有任何东西在你本来就想做出这个选择**或**那个选择的情况下会阻止你做出相应的选择时,你就有了意志自由;他们论证说,如果这就是意志自由的含义,那么意志自由(以及行动自由)就是与决定论一致的。

四 如果过去已经有所不同

但是,相容论者意识到,很多人不会满足于这样一种论述,即只是把自由意志看作不受约束的选择或决定。因此他们有第二个回答。

如果你仍然不满足于以上对意志自由的阐述，那无疑是因为你是在某种更深的意义上思考自由意志，即认为自由意志不仅仅是在没有约束的情况下**如你所愿**地进行选择或做出决定的能力。你必定是在第一章所说的"更深的"自由意志的意义上思考意志自由，将这种自由首先看作对你希望或想要的东西的一种**终极**控制：一种与你的意志由过去你无法控制的任何事件来决定这件事情不相容的控制。我们相容论者显然无论如何都无法把握意志自由的**那种**深层含义，因为它与决定论不相容。但是，作为相容论者，我们相信意志的任何所谓"深层自由"，或者任何要求非决定论的自由，无论如何都是不连贯的。没有谁**能够**拥有如此深层的意志自由。

为什么相容论者相信任何要求非决定论的深层的意志自由都是不连贯的呢？好吧，如果决定论意味着（就像它确实意味着的那样）"**相同的过去、相同的未来**"，那么，对决定论的否定——非决定论必然意味着"**相同的过去、不同的可能未来**"。（想想第一章所说的有分岔路径的花园。）但是，如果这就是非决定论的意思——相同的过去、不同的可能未来，那么非决定论在自由选择方面就有一些奇怪的后果。再想想莫莉在思考是要加入达拉斯的律师事务所还是奥斯汀的律师事务所。我们不妨假设，在经过仔细思考后，莫莉认为达拉斯的事务所更符合她的职业规划,因此她选择了这家事务所。现在,如果她的选择是未被决定的,她可能就会做出不同的选择(她可能会选择奥斯汀的事务所),因为这是非决定论所要求的:相同的过去、不同的可能未来。但请注意这个要求在莫莉的情形中意味着什么:促使莫莉偏爱并选择达拉斯的事务所的完全相同的先前考虑、相同的思想过程以及相同的信念、欲望和其他动机(没有一点差别!),**可能会促使她选择奥斯汀的事务所而不是达拉斯的事务所**。

相容论者说,这种情况毫无意义。既然正是那些同样的动机和先前的推理过程**事实上促使**莫莉相信达拉斯的事务所更适合其职业生涯,她选择奥斯汀的事务所就是愚蠢的和无理性的。相容论者认为,在这些情况下,说莫莉"本来就可以做出其他选择"必定意味着别的东西,例如这样的东西:**如果**莫莉本来就有不同的信念或欲望,或者以不同的方式进行推理,或者**如果**在她选择达拉斯的那家事务所之前,她已经有了其他想法,**那么**她很可能会转而偏爱奥斯汀的那家事务所并选择它。但是,相容论者说,这种对"本来就可以采取其他行动"的更合理的解释只是意味着:如果事情已经有所不同——**如果过去已经在某种程度上有所不同**,那么莫莉本来就会采取其他行动。他们坚持认为这种说法与决定论并不冲突。事实上,这种对"本来就可以做出其他选择"的解释完全符合古典相容论者的**条件**分析或**假设**分析——"莫莉本来就可以做出其他选择"意味着"**如果**她本来就想做出其他选择（如果她的思想方式已经在某种程度上有所不同），那么她本来**就会**做出其他选择"。正如我们所看到的,这种对"本来就可以做出其他选择"的假设性解释与决定论是相容的。

在碰到这种论证时,人们的第一想法是,一定有某种方法可以绕过这样一个结论:如果莫莉的选择是未被决定的,那么,在"过去完全相同"的情况下,她一定本来就可以做出不同的选择。然而,事实上,要绕开这个结论并不容易。因为非决定论,即对决定论的否定,**确实**意味着"在过去完全相同的情况下,不同的可能未来"。在第一章的分岔路径图中,回到过去的单线恰好是这样的:单线表示"同样的过去";而通往未来的多条线代表"不同的可能未来"。相比之下,决定论只意味着通往未来的一条线。如果莫莉在其慎思过程中真的可以随时自由地选择不同的选项,而她的选择不是被决定的,那么直到她做出选择的那一刻为止,在过去**完全相同**的情况下,她必定能够选择**其中任何一条**路径（达拉斯的事务所或奥斯汀的事务所）。

在这里,你不能用如下说法来欺骗自己:如果过去已经有了一点不同,那么莫莉可能就会做出不同的选择（选择奥斯汀的那家事务所）。**决定论者**和**相容论者**都可以这样说:因为他们坚持认为,只有过去已经在某种程度上有所不同（无论差异多小）时,莫莉才是本来就可以明智而理性地做出其他选择的。但是,那些相信自由选择不能被决定的人必定会说,既然过去在莫莉做出选择的那个时刻是完全相同的,她本来就可以选择不同的可能未来。这似乎确实使在同样情况下做出不一样的选择变得武断和无理性。

综上所述,相容论者对如下异议有一个双重回应:他们的观点只是说明了行动自由而不是意志自由。一方面,他们说,如果"意志自由"意味着我们通常所说的自由**选择**或**决定**(那些不受强迫和约束的选择或决定),那么意志自由也可以被赋予一种相容论分析,因此可以被认为与决定论相容。另一方面,如果"意志自由"有更强的含义——如果它指的是某种与决定论不相容的"更深的"意志自由,那么,那个更深的意志自由就是不连贯的,是一种我们无论如何都无法拥有的东西。

五 约束、控制、宿命论与机械论

到目前为止,相容论者的论证是,人们之所以相信决定论与自由意志相冲突,是因为他们混淆了各种关于自由的想法。但是,相容论者关于行动自由和意志自由的论证只是用来支持其观点的论证的一半。他们还论证说,人们之所以错误地相信决定论和自由意志相冲突,是因为他们对**决定论**也有混淆不清的想法。相容论者坚持认为,决定论并不像我们想象的那么可怕。人们之所以相信决定论是对自由的威胁,是因为他们通常把决定论和其他许多对自由构成威胁的事情混为一谈。但是,在相容论者看来,决定论并不意味着这些其他有威胁性的东西。例如,他们说:

第一,"不要把**决定论**与**约束**、**强迫**或**强制**混为一谈"。自由是约束、强迫和强制的对立面,但并不是决定论的对立面。约束、强迫和强制**违背**我们的意愿,阻止我们去做或去选择我们想做的事情。相比之下,决定论不一定违背我们的意愿,而且也不总是阻止我们做我们想做的事情。当然,因果决定论**确实**意味着所有的事件都按照不变的自然法则缘于先前的事件。但是,相容论者说,认为自然法则**约束**我们是错误的。按照阿尔弗雷德·艾耶尔(20世纪著名的相容论者)的说法,许多人之所以认为自由与决定论相矛盾,是因为他们错误地认为自然原因或自然法则"支配着"我们,迫使我们违背自己的意愿。但是,事实上,自然法则的存在仅仅表明,某些事件按照有规律的模式跟随其他事件。受自然法则支配不等于被束缚。

第二,"不要混淆**因果关系**和**约束**"。相容论者还坚持认为,破坏自由的是约束,而不仅仅是任何形式的原因。约束**确实是**原因,但它们是特殊类型的原因:它们是我们做自己想做的事情的障碍或阻碍,例如被捆绑或瘫痪。从这个意义上说,并非所有原因都是自由的障碍。事实上,有些原因,如肌肉力量或意志的内在力量,实际上**使我们能够**做自己想做的事情。

因此,认为行动只是因为它们是被引起的而不自由,这是错误的。行动是否自由取决于它们有**什么样的**原因:一些原因增强了我们的自由,而另一些原因(约束)则阻碍了我们的自由。

相容论者说,还有一个更大的错误,即如下想法:当我们按照自己的意志自由地行动或选择时,我们的行动完全是**无前因的**。相反,我们的自由行动是由我们的品格和动机引起的;这种状况是好事。因为如果行动不是由我们的品格和动机引起的,我们就不能对这些行动负责。它们就不会是**我们的行动**。大卫·休谟这位或许是最有影响力的古典相容论者在一段著名的话中提出了这一点:

> 当[行动]不是来自执行它们的那个人的品格和倾向中的**某个**原因时,这些行动即使是好的,也不能给他带来荣誉;即便是邪恶的,也不会给他带来耻辱……这个人不需要对它们负责;当它们不是来自他那恒久不变的东西时……他不可能因为它们而成为惩罚或报复的对象。①

古典相容论者追随休谟,认为负责任的行动不可能是无前因的;这种行动必须有正确的原因——来自我们的自我内部、表

---

① David Hume, *A Treatise on Human Nature* (Oxford: Oxford University Press, Clarendon Press, 1960), p. 411. 对休谟的相容论观点的一个优秀阐述是:Paul Russell, *Freedom and Moral Sentiment* (New York: Oxford University Press, 1995)。

达了我们品格和动机的原因,而不是违背我们意愿强加给我们的原因。因为自由行动应该是无前因的而认为自由意志与决定论不相容,这是错误的。自由行动是**不受约束的**,不是**无前因的**。

第三,"不要把**决定论**和其他行动者的**控制**混为一谈"。相容论者可以承认(而且经常承认),如果我们受到他人控制或操纵,这确实不利于我们的自由。这就解释了为什么《美丽新世界》和《瓦尔登湖第二》之类的科幻小说所描述的乌托邦世界(其中,人们被行为工程师或神经化学家控制)似乎破坏了人类自由。但是,相容论者坚持认为,决定论本身不一定意味着有其他人或行动者在控制我们的行为或操纵我们。

相容论者丹尼尔·丹尼特说,自然本身"并不控制我们",因为自然不是行动者。① 丹尼特论证说,不管其他行动者是行为工程师还是骗子,他们对他人的控制之所以令人反感,其中一个缘由就在于,他们把我们当作达到其目的的手段,对我们发号施令,让我们顺从他们的意愿。我们憎恨这种干涉。但是,只是被决定并不意味着有任何其他**行动者**正以这种方式干涉或利用我们。因此,丹尼特说,相容论者可以拒斥《美丽新世界》和《瓦尔登湖第二》的设想,但不会放弃他们认为决定论与自由和责任相一致的信念。

---

① Daniel Dennett, *Elbow Room: The Varieties of Free Will Worth Wanting* (Cambridge, MA: MIT Press, 1984), p. 61.

第四,"不要把**决定论**和**宿命论**混为一谈"。这是自由意志争论中最常见的一个混淆。宿命论是这样一种观点:**无论我们做什么**,要发生的事情都会发生。决定论本身并不蕴含这样一个结果。即使决定论竟然是真的,我们做出什么决定、采取什么行动也会对事情的发展产生影响——通常是巨大的影响。另一位有影响力的古典相容论者约翰·斯图尔特·密尔提出了这一重要观点:

> 宿命论者不仅相信……一切要发生的事情都是先前原因的绝对可靠的结果[这也是决定论者所相信的],而且也相信与之抗争是没有用的;无论我们如何努力防范,要发生的事情总是要发生……[因此,宿命论者相信一个人的]品格是**为**他而形成的,而不是**由**他形成的;因此,即使他希望其品格是以不同的方式形成的,这也毫无用处;他没有能力改变自己的品格。这是一个巨大错误。他在某种程度上有能力改变自己的品格。归根到底,即使品格不是为他而形成的,这也与他作为一个直接的行动者在某种程度上形成了品格并不矛盾。他的品格是由他所处的环境形成的……但他自己以特定的方式塑造它的愿望是其中的一个环境,而且绝不是最不具影响力的。①

---

① John Stuart Mill, *A System of Logic* (New York: Harper & Row, 1874), p. 254.

密尔是在说,决定论并不意味着我们无法影响事情的发展,包括塑造我们的品格。我们显然确实有这样的影响,决定论本身并不能排除这种可能性。相比之下,相信宿命论能够带来致命的后果。一个病人可能会为自己不去看医生找出这样的借口:"如果大限已至,你做什么都没用。"或者一个士兵可能会用一句熟悉的话来解释自己为什么没有采取预防措施:"外面有颗子弹,你的名字就在上面。当它来临时,无论你做什么,你都无法避免。"密尔是在说,这种宿命论的主张并不仅仅来自决定论。认为它们来自决定论乃是一个"巨大错误"。

病人和士兵的说法实际上是古代哲学家所说的"懒惰的诡辩"的例子("诡辩"[sophism]指的是推理谬误)。对病人和士兵的恰当回答应该是:"你的大限**是否**到了,在很大程度上取决于你是否去看医生;外面的子弹上现在**是否**有你的名字,可能取决于你采取了什么预防措施。所以与其无所事事,不如去看医生,去采取预防措施。"这是密尔之类的相容论者对"懒惰的诡辩"的回应。他们会说,相信决定论与自由相容,不应该让你成为宿命论者。事实上,这种信念应该让你相信,你的生活在某种程度上掌握在自己手中,因为你如何慎思仍然会对你的未来产生影响,即使决定论最终被证明竟然是真的。

有时我们的慎思对我们的命运并不重要,但并非总是如此。例如,丹尼特描述了一个绝望的人打算跳桥自杀。走到一半的时候,这个人又考虑了一下,从一个不同的角度思考生活,并得出了这一结论:自杀也许根本不是好主意。现在这个人的慎思对他的命运不再重要了。但是,当我们进行慎思时,我们通常不会陷入这种绝望的境地。实际上,像**这个**人这样的情况很少见。相容论者说,大多数时候,我们的慎思确实会影响我们的未来,即使决定论竟然是真的。

第五,"不要把**决定论**和**机械论**混为一谈"。按照相容论者的说法,另一个常见的困惑是如下想法:如果决定论是真的,那么我们都将是机械地运行的机器,例如手表、机器人或电脑。或者用一种不同的方式来说,我们就像以一套固定的应答来自动回应环境刺激的变形虫、昆虫和其他低等生物。但是,相容论者坚持认为,决定论也不会产生这些结果。

假设事实最终表明世界是被决定的。人类与变形虫、昆虫、机器和机器人之间仍然有巨大差异。不像机器(哪怕是计算机这样的复杂机器)或机器人,我们人类具有一种充满情绪和情感的内在意识,我们对世界做出相应的反应。与变形虫、昆虫和其他类似的生物不同,我们不只是本能地、自动地对环境做出反应。我们进行推理和慎思,质疑我们的动机,反思我们的价值观,为未来制定计划,改造我们的品格,并对他人做出我们觉得有义务遵守的许诺。

相容论者说,决定论并没有排除这些能力中的任何一种,而正是这些能力使我们成为自由和负责任的存在者,有能力采取道德行动,而机器和昆虫则没有这方面的能力。决定论也不一定意味着机械的、不灵活的或自动的行为。从最简单的阿米巴变形虫一直到人类,决定论与生物行为的复杂性和灵活性的整个范围都是一致的。从变形虫到人类,世界上生物的复杂性和自由度可能差别很大,但所有这些特性可能都是被决定的。

六　评估古典相容论

总之,古典相容论者认为,我们对自由意志与决定论不相容的自然信念建立在两种混淆的基础上——对**自由**的本质的混淆和对**决定论**的本质的混淆。他们坚持认为,一旦这些混淆得到澄清,我们应该就会明白自由和决定论之间没有必然的冲突。因此,为了评估古典相容论者的立场,我们就必须问,他们对自由的描述是否真的抓住了我们所说的意志自由和行动自由;我们必须问,决定论与自由意志相冲突的信念是否建立在对决定论的混淆之上。这两个问题将在下一章加以讨论。

在本章结束之际,值得指出的是,古典相容论者在某些事情上似乎确实是正确的,不管我们对他们的观点做出什么最终判断。例如,他们似乎正确地认为决定论**本身**并不意味着**约束**、**其他行动者的控制**、**宿命论**或**机械论**。它们**确实会**排除自由意志,但决定论并不必然蕴含它们,而且,**仅仅**因为决论蕴含它们就相信决定论与自由意志不相容,这将是一个错误。许多人可能已经把决定论与约束、控制、宿命论或机械论混为一谈,因此就出于错误理由而认为决定论与自由意志不相容。

但是,如果这些是认为自由意志和决定论不相容的糟糕理由,那么仍然可能有一些好的理由。我们可能仍想知道决定论**本身**是否与自由意志不冲突——不是因为它意味着约束、控制等,而是**正好因为它就是决定论**。因为,如果决定论是真的,那么看来就只有一个可能的未来(因此并不存在任何有许多通往未来的分岔路径的花园);这个事实本身似乎就排除了自由意志和对行动负责的可能性。

相容论者对这个异议提出了他们自己的挑战。"如果有一个论证表明决定论必定与自由意志不相容,**仅仅是因为**那就是决定论,**不是**因为决定论意味着他人的约束或控制或宿命论或机械论,那么请给我们提供这样一个直接的论证来表明自由意志与决定论不相容!简而言之,证明这一点。"在下一章中,我们将考虑不相容论者如何尝试应对这一挑战。

对"温和决定论"这个术语的附注

在许多关于自由意志的论著中,相容论者通常被称为"温和决定论者"。温和决定论者是也相信决定论为真的相容者。霍布斯、休谟和密尔之类的古典相容论者也都是温和决定论者,因为他们除了相信自由与决定论相容,也相信决定论是真的。

建议阅读材料

丹尼尔·丹尼特在如下论著中对相容论进行了一种生动活泼、通俗易懂的捍卫:Daniel Dennett, *Elbow Room: The Varieties of Free Will Worth Wanting* (MIT, 1984)。关于对古典相容论的捍卫,参见如下两篇文献:J. J. C. Smart (in Gary Watson, ed., *Free Will* [Oxford: Oxford University Press, 2nd ed., 2003]) and Kai Nielsen (in Robert Kane, ed., *Free Will*)。有关古典相容论的其他文章收入如下文集中:Derk Pereboom, ed., *Free Will* (Hackett, 1997);如下论著包括了对古典相容论立场的讨论:Ilham Dilman, *Free Will: A Historical Introduction* (Routledge, 1999)。

第三章　不相容论

一　后果论证

相容论在现代哲学家和科学家中很流行,这意味着**不相容论者**——那些持有自由意志和决定论相冲突这一传统信念的人,必须提供论证来支持他们的立场。不相容论者不能像第一章所描述的那样,仅仅依靠他们对通往未来的分岔路径的直觉来支持其观点。他们必须用论证来支持自己的直觉,即表明为什么自由意志和决定论必定是不相容的。为了应对这一挑战,现代哲学确实提出了支持不相容论的新论证。在这些表明自由意志与决定论不相容的新论证中,那个最广泛地得到讨论的论证将是本章的主题。

这个论证被称为"后果论证",其倡导者之一彼得·范·

因瓦根将其非正式地表述如下:

> 如果决定论是真的,那么我们的行为就是自然法则和遥远的过去所发生的事件的结果。但是,在我们出生前发生了什么并不是由我们来决定的;自然法则是什么也不是由我们来决定的。因此,这些事情(包括我们自己的行为)的后果也不是由我们来决定的。①

说"在我们出生前发生了什么"或"自然法则是什么"不是"由我们来决定的"就是说,我们现在无法改变过去或改变自然法则(这些事情超出了我们的控制范围)。这给了我们后果论证的两个前提:

(1)我们现在无论做什么都不能改变过去。

(2)我们现在无论做什么都不能改变自然法则。

把这两个前提加在一起,我们就得到:

(3)我们现在无论做什么都不能改变过去和自然法则。

但是,如果决定论是真的,那么:

(4)我们目前的行动是过去和自然法则的必然结果。(或者用等价的方式来说,下面这件事情是必然的:在过去和自然法则被给定的情况下,我们目前的行动发生。)

---

① Peter van Inwagen, *An Essay on Free Will* (Oxford: Oxford University Press, Clarendon Press, 1983), p. 16. 下面介绍的后果论证的版本是我自己对因瓦根的论证的解释。

因此,如果决定论是真的,那么看来:

(5)我们现在无论做什么都不能改变我们目前的行动是过去和自然法则的必然后果这一事实。

但是,如果我们现在无论做什么都不能改变过去和自然法则(这是第三步),也不能改变我们目前的行动是过去和自然法则的必然后果这一事实(这是第五步),那么看来我们就可以推出,如果决定论是真的(这是第四步),那么:

(6)我们现在无论做什么都不能改变我们目前的行动发生这一事实。

换句话说,除了采取我们实际上采取的行动,**我们现在不能采取任何与之前不同的行为**。既然这个论证可以应用于任何时候的任何行动者和行动,我们就可以从中推出,**如果决定论是真的,那么没有人能够采取与之前不同的行为**;如果自由意志要求采取与之前不同的行为的能力,那么就没有任何人有自由意志。

二 评估这个论证

因瓦根认为后果论证的前两个前提是不可否认的。我们现在不能改变过去(第一步)或自然法则(第二步)。第三步陈述了似乎是第一个前提和第二个前提的一个简单结果的东西:如果你不能改变过去或自然法则,那么你就不能改变二者的合取。第四个前提只是陈述了决定论的定义所蕴含的内容：如果决定论是真的，那么我们的行动在如下意义上就是过去和自然法则的必然结果，即在过去和自然法则都被给定的情况下，我们的行动**必定**要发生。当然，通过断言第四个前提，这个论证是在假设决定论为真。但它只是假设性地这样做，目的是表明，**如果**决定论是真的（第四个前提），**那么**就没有任何人本来就能采取与之前不同的行为（第六步）。因此，后果论证并不依赖于决定论实际上是真的；毋宁说，它试图表明，在假设决定论为真的情况下，它会具有什么含义（没有自由意志）。

剩下的就是要评估第五步和第六步。它们是如何达到的呢？第五步（"我们现在无论做什么都不能改变我们目前的行动是过去和自然法则的必然后果这一事实"）是通过因瓦根所说的阿尔法规则从第四个前提推出的。

> 阿尔法规则：任何人无论做什么都不能改变必定是如此这般的东西（或者必然是如此这般的事情）。

这个规则以如下方式把我们从第四个前提带到第五步。按照第四个前提，**情况必定是这样的**：在自然法则和过去都被给定的情况下，我们目前的行动会发生。但是，阿尔法规则说，没有任何人现在能够改变**必定是如此这般的东西**。因此，我们现在不能改变这样一个事实:在自然法则和过去都被给定的情况下,我们目前的行动发生了。这就是第五步所说的。

因瓦根认为,阿尔法规则也是不可否认的。他问道,谁能改变必然是如此这般的事情呢?如果 $2+2=4$ 是必然的,那么就没有谁能够改变这个事实;如果有人能改变 $2+2=4$ 这一事实,那么它就不是一个必然为真的命题了。

这让我们得出了这个论证的结论,即第六步:"我们现在无论做什么都不能改变我们目前的行动发生这一事实。"如上所述,这个结论是通过如下推理从前面的步骤中得出的:如果我们现在无论做什么都不能改变过去和自然法则(第三步),也不能改变我们目前的行动是过去和自然法则的必然结果这一事实(第五步),那么我们现在无论做什么都不能改变我们目前的行动发生这一事实(第六步)。这步推理涉及第二个规则,因瓦根称之为"贝塔规则"。

> 贝塔规则:如果任何人无论做什么都不能改变 X,无论做什么都不能改变 Y 是 X 的必然结果这一事实,那么任何人无论做什么都不能改变 Y。

贝塔规则被称为"无能转移原则"。因为它实际上说的是,如果我们"无能"改变 X,如果只要 X 发生,Y 必然会发生,如果我们无能改变这一事实,那么我们也无能改变 Y。换句话说,我们在改变 X 方面的无能"转移"到任何必然来自 X 的事情上。

按照因瓦根的说法,贝塔规则似乎也是直观上正确的。如果我们无论如何都不能阻止 X 发生,而如果 X 发生了,Y 必然会发生,那么我们怎么能阻止 Y 发生呢?考虑一个例子。假设太阳将在 2050 年爆炸,而我们现在无论做什么都不能改变这一事实。我们现在无论做什么都不能改变如下事实:如果太阳在 2050 年爆炸,那么地球上所有生命都将在 2050 年终结。如果这两个主张都是真的,那么看来很明显,任何人现在无论做什么都不能改变地球上所有生命将在 2050 年终结这一事实。还有一个例子。如果任何人现在无论做什么都不能改变自然法则,无论做什么都不能改变如下事实,即自然法则意味着没有任何东西比光速更快,那么任何人现在无论做什么都不能改变没有任何东西比光速更快这一事实。

你可以继续补充此类支持贝塔规则的例子。我只想说,贝塔规则**似乎**和阿尔法规则(该规则所说的是,没有人能够改变必然是如此这般的事情)一样是不可否认的;如果贝塔规则也是有效的,那么,既然后果论证的其他前提似乎是不可否认的,这个论证就既是有效的又是可靠的,就像因瓦根和其他不相容论者所声称的那样。后果论证将表明,决定论与任何人采取与之前不同的行为的能力相冲突,因此与自由意志相冲突。

三 一个关于"能够"和"能力"的异议

后果论证是对自由意志与决定论不相容的一个有力论证,它说服了许多人。但它也是一个有争议的论证,并引发了很多争论。正如你可以料到的,相容论者和温和决定论者拒斥后果论证。他们必须拒斥它,否则他们的观点就会被一下子驳倒。但是,如果后果论证根本上错了,那么相容论者和该论证的其他批评者认为它错在哪里呢?该论证的大多数批评者往往将注意力集中于"我们现在无论做什么都不能改变……"这个关键说法,这个说法出现在第二节所介绍的后果论证的许多步骤中。它包含 can(能够)这个单词,而这是英语中极难解释的单词。

谈论人们"能够"(以及"不能")做什么是在谈论他们的**力量**或**能力**。因此,你如何解释人们的力量和能力会对后果论证产生明显影响。例如,后果论证的相容论批评者经常论证说,如果你用古典相容论者提出的那种**假设性**的方式来解释"能够""力量"和"能力"等术语,后果论证就会失败。正如我们在第二章看到的,按照古典相容论者的观点,说"你**能够**(或者你有**力量**或**能力**)做某事"意味着没有**约束**或**阻碍**阻止你去做那件事,以至"**如果你选择或想要去做那件事,你就会**去做"。

对"能够""力量"或"能力"的这种分析被称为"假设分析"(或者"条件分析"),因为其中有一个"如果"。但是,这样的分析如何反驳后果论证呢?首先,考虑后果论证的前两个前提:"我们现在无论做什么都不能改变过去"和"我们现在无论做什么都不能改变自然法则"。按照对"能够"的假设分析,说我们能够改变过去或自然法则意味着"**如果**我们**选择**或**想要**改变过去或自然法则,那么我们**就会**改变过去或自然法则"。

这个主张是假的。没有任何人会改变过去或自然法则,**即使**他们选择或想要这样做,因为没有任何人有这样做的力量或能力。因此,按照这种相容论分析,后果论证的前两个**前提**实际上是真的。**甚至按照许多相容论者所偏爱的那种对"能够"的假设分析**,任何人现在无论做什么都不能改变过去和自然法则。

但是,当我们考虑后果论证的**结论**("任何人现在无论做什么都不能改变他们目前的行动发生这一事实",或者换句话说,"没有任何人能够做除实际上所做的事情之外的事情")时,假设分析就得出了不同的答案。为了表明为什么这个结论在对"能够"的假设分析的案例中失败,考虑一个简单的日常行为,比如莫莉举手。按照假设分析,说莫莉本来就可以不举手(例如,说她本来就可以把自己的手放在身边)意味着,"如果她本来就选择或想要做除举手之外的事情,那么她就会这样做"。

第三章 不相容论

现在,正如第二章所指出的,即使莫莉的行动是被决定的,这个假设性主张也可以成立,因为它只是意味着,**如果过去已经在某种程度上有所不同**,也就是说,如果(与事实相反)她的选择或愿望已经有所不同,那么她就会做不同的事情。

请注意,提出这个假设性主张并不意味着莫莉本来就可以**改变**过去或自然法则的实际情况。这个假设性主张只是意味着,**如果她已经做出不同的选择或想要不同的东西**,那么就没有任何约束或障碍本来会阻止她采取不同的行动;这很可能是真的,即使她实际上**并没有**选择或想要不同的东西。换句话说,在举手或乘公交车之类的普通行动中,**有时**可能会有约束阻止我们做这些事情或者采取与之前不同的行为(我们可能被捆绑、强迫或变得瘫痪)。但是,很多时候可能没有这样的约束阻止我们做这些普通的事情;因此,如果我们想要做这些事情的话,我们本来就可以做。相比之下,**总是**有约束阻止我们改变过去和自然法则。

这样一来,后果论证的**前提**在相容论者对"能够"的假设分析的案例中是**真的**:莫莉**不能**改变过去或自然法则,即使她想这样做。但是,后果论证的结论是**假的**:在那个假设性的意义上,莫莉有时还是可以做与她实际上所做的事情不同的事情(例如不举手),因为如果她本来就想不举手的话,也没有什么本来**会**阻止她那样做。因此,按照假设分析,后果论证会有真前提,但有一个假结论,它会是一个无效的论证。

此时,你可能想知道,在这种情况下,后果论证的**哪一部分**出错了——是前提还是规则。答案是贝塔规则。哪怕是后果论证的捍卫者,例如因瓦根,也承认贝塔规则是这个论证中最难辩护的部分(尽管他们自己相信贝塔规则是有效的)。贝塔规则准许那个从后果论证的第一步到第五步中得出结论(第六步)的推理:如果我们现在无论做什么都不能改变过去和自然法则,也不能改变我们目前的行动是过去和自然法则的必然结果这一事实,那么我们现在就不能采取与我们实际上所做的行为不同的行为。按照相容论者对"能够"的假设分析,这个推理的前提是真的,而结论是假的。因为按照这个假设分析,我们现在无论做什么都不能改变过去和自然法则,但我们现在**可以做一些事情**来改变日常的行动,比如举手。因此贝塔规则是无效的(它有反例)。后果论证失败了。

四 后果论证的捍卫者的回应

当然,对后果论证的这一异议,只有在古典相容论者所偏爱的那种对"能够""力量"或"能力"的假设分析是正确的情况下才成立。但是,我们为什么要相信这种对"能够"和"力量"的假设分析呢?后果论证的捍卫者,例如因瓦根和卡尔·吉内特,认为没有充分的理由相信相容论者对这些概念的分析,因此他们通常以如下方式来回应上述论证:

因此,你们相容论者所偏爱的那种对"能够"(或者"力量"和"本来就可以采取与之前不同的行为")的假设分析将会反驳贝塔规则和后果论证。这是否会让我们这些后果论证的不相容论的捍卫者怀疑贝塔规则和后果论证呢?一点也不。这只是给了我们另一个理由来怀疑你们这些相容论者对"能够"的假设分析,我们一开始就认为这种分析不太可信。如果你们的分析允许你们说莫莉可以采取(除举手之外的)其他行动,即使她不能改变过去和自然法则,即使她(举手)的行动是过去和自然法则的一个必然结果,那么你们相容论者所偏爱的那种**对"能够"的假设分析一定是出了错**。对我们来说,后果论证的前提和规则,包括贝塔规则,似乎比任何对"能够"的假设分析在直观上更正确。因此,如果我们必须拒斥其中一个,我们就会拒斥你们相容论者的分析,而不是后果论证。事实上,许多相容论者所偏爱的那种对"能够"和"本来就能采取与之前不同的行为"的假设分析,无论如何都会遭到严重反对。因此,它们无论如何都应该被拒斥,而不仅仅是因为人们喜欢后果论证。[1]

---

[1] Peter van Inwagen, 1983; Carl Ginet, *On Action* (Cambridge: Cambridge University Press, 1990).我已经用我自己的话来说出他们的回答。

这段话中提到的对"能够"和"本来就能采取与之前不同的行为"的假设分析的"严重反对"是什么？许多哲学家认为最严重的异议是这样的：对"能够"和"本来就能采取与之前不同的行为"的假设分析有时（错误地）告诉我们，在行动者显然本来就不能采取与之前不同的行为的情况下，行动者能够采取与之前不同的行为，或者本来就能采取与之前不同的行为。因此，假设分析肯定是错误的。迈克尔·麦肯纳用一个例子来说明这个异议。假设丹妮尔在童年时期经历了一场可怕的事故，其中涉及一只金毛拉布拉多犬。这次事故使得她

> 在心理上再也不想碰一只金毛狗了。想象一下，在她16岁生日那天，她父亲并未意识到她的状况，给她带来了两只小狗供她选择，一只是金毛拉布拉多犬，另一只是黑毛拉布拉多犬。他告诉丹妮尔，随便挑一只她喜欢的，他会把另一只小狗送回宠物店。丹妮尔高兴地、毫无阻碍地做了自己想做的事情，抱起了黑毛拉布拉多犬。①

除了抱起那只黑毛拉布拉多犬，丹妮尔还可以自由地**采取与之前不同的行为**（她本来**就能**采取与之前不同的行为）吗？麦

---

① Michael McKenna, "Compatibilism", in Edward N. Zalta (ed.), *The Stanford Encyclopedia of Philosophy*, online edition: http://plato.Stanford.edu/archives/sum2004/entries/compatibilism/. 这种类型的异议原来是由基思·莱勒（Keith Lehrer）提出的。

肯纳说,似乎并非如此。由于她童年时期的创伤经历,她甚至无法形成想要触摸一只金毛拉布拉多犬的**愿望**,因此她无法抱起这样一只拉布拉多犬。

但请注意,在这种情形中,相容论者对"她本来就能采取与之前不同的行为"的假设分析是真的:**如果**丹妮尔**确实**想要抱起金毛拉布拉多犬,那么她就会这样做。因此,在这种情况下,假设分析给了我们错误答案,在许多类似的情况下也是如此。它告诉我们丹妮尔本来就可以采取与之前不同的行为(因为如果她想要采取与之前不同的行为的话,她就会这样做),而事实上她本来就**不可以**采取与之前不同的行为(因为她本来就不可能想要采取与之前不同的行为)。

这个例子为假设分析所带来的问题是:为了真正地把握"她本来**就可以**采取与之前不同的行为"的含义,仅仅说"**如果**她想要采取与之前不同的行为,那么她本来**就会**这样做"是不够的;我们还必须加上一句"她**本来也可以想要**采取与之前不同的行为"。但是,假设分析只是将行动者是否本来就能**做**其他事情这一问题推回到另一个问题,即行动者是否本来就能**想要**或**选择**(或者**执意**)采取与之前不同的行为。回答这个进一步的问题需要另一个涉及"可以(could)"的陈述("她本来可以想要或选择采取与之前不同的行为"),而这接着又需要另一个假设分析:"**如果**她本来就**想要或选择想要或选择**与之前不同的行为(if she had wanted or chosen to want or choose otherwise)，那么她本来就会想做或选择去做与之前不同的行为"。同样的问题也会出现在进一步的假设分析中,要求另一个需要分析、涉及"可以"的命题,而这个命题也需要得到进一步的类似分析,以此类推。

这样一来就会导致一种无穷倒退,这种倒退永远不允许人们消除"可以"这个词,也永远不允许人们明确地回答最初的问题,即行动者是否本来就可以采取与之前不同的行为——这表明假设分析出了错。出于此类原因,后果论证的捍卫者认为古典相容论者所偏爱的那种对"本来就可以采取与之前不同的行为"的假设分析是有缺陷的。如果后果论证是正确的,这样的分析就会破坏它。但是,有理由认为这种分析是不正确的。

在这一点上,关于后果论证的争论往往会陷入僵局。后果论证的捍卫者认为,该论证的前提和规则比相容论者对"本来就可以采取与之前不同的行为"提出的任何分析(不管这种分析是不是假设性的)都要合理得多,而相容论者显然持有对立观点。如今,许多相容论者承认,出于上述原因或其他原因,古典相容论者对"本来就可以采取与之前不同的行为"的分析可能是有缺陷的。但是,这些现代相容论者坚持认为,当后果论证的捍卫者提出如下假设时,他们是在回避问题:仅仅因为古典相容论者对"本来就可以采取与之前不同的行为"的分析是有缺陷的,所以对"本来就可以采取与之前不同的行为"的**任何**相容论分析都不可能是正确的。

也许是这样。但是,举证责任落在了相容论者身上——他们需要对"本来就可以采取与之前不同的行为"提出一种比古典相容论者提供的论述更好的论述,或者找到一些其他方法来反驳后果论证。我们将在后面的章节中看到,现代相容论者试图做这两件事中的一件或另一件。一些现代相容论者一直在寻求对"本来就可以采取与之前不同的行为"的更好的相容论分析。其他相容论者则寻求全新的方法来反驳后果论证。

建议阅读材料

关于因瓦根对后果论证的捍卫,参见 Peter van Inwagen, *An Essay on Free Will* (Oxford: Clarendon, 1983)。卡尔·吉内特也在如下论著中捍卫后果论证:Carl Ginet, *On Action* (Cambridge, 1990)。关于支持和反对后果论证的其他讨论,参见第一章建议阅读材料中列举的文献。

第四章　意志自由论、非决定论与机遇

一　定义意志自由论

即使一些支持不相容论的论证(例如后果论证)成功了,这种成功本身也不会表明我们有自由意志。对不相容论的成功论证只会表明自由意志和决定论不可能同时为真。如果一个是真的,另一个必定是假的。因此,不相容论者可以走向两个方向中的任何一个。他们可以肯定自由意志而否认决定论,或者肯定决定论而否认自由意志。在现代关于自由意志的争论中,肯定自由意志而否认决定论的不相容论者被称为**"意志自由论者"**。我们现在要考虑的正是这种意志自由论的观点。(对立的观点——肯定决定论和否认自由意志被称为"强硬决定论",我们将在第七章中对其加以讨论。)

第四章 意志自由论、非决定论与机遇

关于自由意志的意志自由论者将自己看作第一章中"深层"的意志自由的捍卫者,他们认为这种自由与决定论不相容。在意志自由论者看来,这种深层自由是大多数人在开始担心决定论之前习惯于相信的"真正的"自由意志。从意志自由论者的观点来看,相容论者只给我们提供了对这种真正的自由的一幅苍白画像(正如伊曼努尔·康德所说,一种"可怜的托词");意志自由论者声称给了我们真实的东西。但是,给我们真实的东西(如果意志自由论者的自由意志确实是真实的东西的话)比一开始所想象的要困难得多,正如我们将在本章和下一章中看到的。

因此,从这一点开始,**意志自由论**就被定义为持有如下主张的观点:第一,自由意志与决定论是不相容的(不相容论);第二,自由意志存在;因此,第三,决定论是假的。这种意义上的意志自由论——**关于自由意志**的意志自由论,不应该与政治哲学中的自由至上论混为一谈,后者是如下观点:只要个人不干涉他人自由,政府就应该仅限于保护个人自由。关于自由意志的意志自由论和政治哲学中的自由至上论有一个共同的名字——它来自拉丁词语 *librer*,意思是"自由",它们都对自由感兴趣。但是,关于自由意志的意志自由论者不一定完全赞同政治上的自由至上论者所持有的关于有限政府的观点。关于自由意志的意志自由论者实际上可以持有不同的政治观点——保守主义的、自由主义的、意志自由论的观点,或

者无论什么其他观点,只要他们都认同这样一个理想,即人们在一种与决定论不相容的终极意义上对自己的行动和生活负有责任。

二 意志自由论困境:上山问题和下山问题

为了捍卫关于自由意志的意志自由论,你要做的显然不仅仅是论证支持自由意志与决定论不相容,尽管这可能很重要。你还必须表明,我们实际上可以有一种与决定论不相容的自由意志。许多人相信,意志自由论者所肯定的那种不相容的自由意志甚至是不可能的或不可理解的,而且它在现代科学的世界图景中没有地位。意志自由论的批评者指出,意志自由论者经常援引各种模糊的和神秘的能动性或因果关系来捍卫其观点。

为了说明自由行动如何能够摆脱物理原因和自然法则的束缚,意志自由论者已经设定了超经验的力量中心、非物质性的自我、时空之外的本体自我、不被推动的推动者、无前因的原因,以及其他不同寻常的能动性或因果关系的形式,因此就招致了如下指责:他们的观点是模糊的或神秘的。哪怕是意志自由论的一些最伟大的捍卫者(例如伊曼努尔·康德)也论证说,为了让道德和真正的责任变得有意义,我们就需要相信意志自由论的自由,但我们完全无法在理论上和科学上理解这样一种自由。

有一个问题引发了对意志自由论的自由意志的广泛怀疑，它与第一章提到并且第二章有所触及的那个困境有关：如果自由意志与决定论不相容，那么它似乎也与**非决定论**不相容。我们不妨把这个困境称为"意志自由论困境"。① 未被决定的事件，比如原子中的量子跃迁，完全是偶然发生的。因此，如果自由行动必须是未被决定的，就像意志自由论者声称的那样，那么它们似乎也会偶然发生。但是，偶然事件怎么可能是自由和负责任的行动呢？为了解决这个意志自由论困境，意志自由论者不仅必须表明自由意志与**决定论不相容**，还必须表明自由意志如何与**非决定论相容**。

上山问题：自由意志与决定论相容吗？

下山问题：我们能够理解和确认一种非决定论的自由意志吗？

图 4.1 不相容论之山与意志自由论困境

想象一下，对意志自由论者来说，解决这个困境的任务就相当于登上一座山的顶峰，然后从另一边下来（我们称这座山为"不相容论之山"[图 4.1]）。达到顶峰就在于表明自由意

---

① 加里·沃森提出了这个名称，见 Gary Watson (ed.), *Free Will* (Oxford: Oxford University Press, second edition, 2003)，p. 10。

志与决定论不相容(我们称之为"上山问题")。从另一边下来(我们称之为"下山问题")则涉及如何理解要求**非决定论**的自由意志。

正如我们在第三章所看到的,要登上这座山的顶峰——表明自由意志与决定论不相容,对意志自由论者来说是一项极为困难的任务。但是,意志自由论的许多批评者相信下山问题(理解要求非决定论的自由意志)甚至更难。登山者说,从山顶下来往往比上山更难、更危险;这可能是意志自由论者所面临的情况。在不相容论之山上,空气稀薄而寒冷;意志自由论的批评者说,如果你在山上熬过一段时间,你的大脑就会变得模糊。你开始有一些奇幻的想法,比如超经验的力量中心、本体自我和不被推动的推动者,意志自由论者经常援引这些想法来解释其观点。

三 非决定论这个怪物

为什么要理解要求非决定论的自由意志(从而解决上山问题)而不陷入神秘或晦涩的境地如此艰难呢?前几章已经提到了非决定论给自由意志带来的一些困难。不过,让我们看看是否能得到对这些困难的一个概述。

第一,人们经常听到意志自由论的批评者说,未被决定的事件完全是偶然发生的,不受任何事物的**控制**,因此不受行动者的控制。未被决定的事件是否发生"由不得"行动者。但是,如果事件不在行动者的控制下,它们就不可能是自由和负责任的行动。

第二,第一章暗示了一个相关的论证。假设一个选择是一个人大脑中量子跃迁或其他未被决定的事件的结果。这会相当于一种自由的和负责任的选择吗?大脑或身体中这种未被决定的影响将是不可预测的和冲动性的——就像一个人无法预测或影响的突发奇想或手臂的痉挛性抽搐,与我们所认为的自由的和负责任的行动完全相反。看来,大脑或身体中发生的未被决定的事件会**自发地**发生,更有可能会**破坏**而不是增强我们的自由。

第三,假设非决定论或机遇出现在我们的选择和行动**之间**也无济于事。想象一下,你选择在一块精美的布上做一次精细的切割,但因为你手臂上一种未被决定的抽搐,你做了错误的切割。在这种情况下,你手臂上未被决定的抽搐并没有增强你的自由,反而是你实现预期目的的阻碍或障碍。意志自由论的批评者经常争辩说,这就是非决定论历来的情况——自由的一种**障碍**或**阻碍**。非决定论会成为阻碍,削弱而不是加强对所发生的事情的**控制**和**责任**。请注意,在古典相容论的意义上说,你手臂的抽搐实际上是对你自由的一种**约束**,因为它阻止你做自己想做的事情,即恰当地做出精细切割。因此,非决定论不仅没有给我们更多的自由,似乎反而会成为限制我们自由的另一种障碍。

第四,如果我们假设日常行动的发起涉及非决定论或机遇,那么就会产生更荒谬的结果。阿瑟·叔本华,一位19世纪的未被决定的自由行动的批评者,设想了这样一种情况:一个人突然发现自己的腿开始**出乎意料地**移动,违背他的意愿将他运送到房间另一边。① 叔本华问道,当意志自由论者坚持认为自由行动必须是未被决定的时,他们的想法就是这样的吗?这样的讽刺漫画在非决定论自由的批评者当中很受欢迎,原因很明显:未被决定或偶然发起的行动将代表自由和负责任的行动的对立面。

第五,再深入一点,意志自由论的批评者还指出,如果选择或行动是未被决定的,那么**在过去和自然法则完全相同的情况下**,它们可能会以其他方式发生。正如我们所看到的,这源于非决定论,因为非决定论意味着:相同的过去,不同的可能未来。但是,正如第二章所指出的,这种要求在自由选择方面会产生令人不安的后果。下面是一个进一步阐明这个问题的例子。假设迈克正在思考是要去夏威夷度假还是去科罗拉多度假,他逐渐倾向于选择夏威夷。如果当迈克最终做出选择时,其选择是未被决定的,就像意志自由论者所要求的那

---

① Arthur Schopenhauer, *Prize Essay on the Freedom of the Will* (edited and with an introductions by Gunter Zoller; translated by E. J. F. Payne, Cambridge: Cambridge University Press, 1960), p. 47.

样,那么他本来就有可能会做出其他选择(选择去科罗拉多度假),即使到他做出选择的那一刻为止,完全同样的慎思(同样的想法、推理、信念、欲望等)实际上促使他偏爱并选择夏威夷。正如我们在讨论莫莉选择职业的时候提到的,这一点很难理解。迈克在这种(他已经最终偏爱夏威夷的)情况下选择科罗拉多,这似乎是无理性的、不可阐明的、反复无常的、随意的。如果选择夏威夷是由于迈克大脑中未被决定的事件而发生的,那么这不会是为他的自由而欢欣的时刻,而是向神经学家咨询他的神经过程紊乱的时候。

四 理由、随机性与运气

第六,在这一点上,一些非决定论自由的捍卫者诉诸18世纪哲学家戈特弗里德·莱布尼茨的主张,即先前的理由或动机无须决定选择或行动,它们可能只是"使[某事]倾向于发生而不是必然发生"①。例如,迈克想去科罗拉多度假的理由(他喜欢滑雪,想在那里见朋友)可能会"使他倾向于"选择科罗拉多而不是夏威夷。但是,这些理由并没有使他将会选择科罗拉多这件事情变得"必然",或者决定他将会选择科罗拉多。同样,他喜欢夏威夷的理由(他也喜欢海滩和冲浪)使他

---

① G. W. F. Leibniz, *Selections* (New York: Scribner's, 1951), p. 435.

倾向于选择夏威夷,但没有决定那个选择。

莱布尼茨认为,理由可以"使[某事]倾向于发生而不是必然发生"。这个主张很重要。然而,很遗憾,这不会解决第五个异议中所描述的关于迈克的选择的问题,原因在于:正是**因为**迈克先前的理由和动机(他对海滩和冲浪持有的信念和欲望)使他更强烈地倾向于选择夏威夷,他在同样的慎思结束时偶然选择了科罗拉多,这将是随意的、无理性的和令人费解的。同样,如果他的理由使他更强烈地倾向于科罗拉多,那么在同样的慎思结束时偶然选择夏威夷将是无理性的和令人费解的。

如果迈克先前的理由和动机并没有使他更强烈地倾向于其中**任何一个**选择,那又如何呢?在这种情况下,如果选择是未被决定的,事情会更糟。因为这样一来,他的选择就具有双重的随意性——他可能做出选择的任何一种方式都是随意的。对于行动者没有更好的理由选择一个选项而不是另一个选项的状况,讨论自由意志的中世纪哲学家为它取了一个名字,即"无差别的自由"。你可能听说过对这种自由的一个著名阐述,其中涉及布里丹的驴,这头驴在两捆等距离的干草之间挨饿,因为它没有理由选择其中一堆而不是另一堆。

让·布里丹是一位中世纪法国哲学家,关于这头驴的这个著名例子经常被错误地归因于他。原来的例子可以追溯到中世纪阿拉伯哲学家安萨里,他想象一只骆驼在两棵椰枣树之间挨饿。休谟和叔本华之类的哲学家后来经常用无差别的自由的这些例子来嘲笑意志自由论或非决定论的自由意志。（安萨里用他的例子来表达类似的目的。）当然，一个不是驴子的人，肯定不会在这种情况下饿死。与其完全不吃东西，不如抛硬币任意或偶然地选择一个选项。但是，对无差别的自由的这种解决方案——通过抛硬币进行选择，仍然相当于任意地或随机地选择。这就是非决定论的自由吗？

第七，事实上，另一个我们经常听到的、反对非决定论的自由意志的说法恰恰是，未被决定的自由选择必定总是完全随机的选择，就像抛硬币或转轮盘从一组选项中做出选择一样。也许当我们对结果无动于衷时，随机选择就在我们的生活中发挥了作用——有时通过抛硬币或转轮盘来确定选择的作用。（如果两部电影都是我喜欢的，今晚我应该去看哪一部？）但是，假设我们**所有的**自由和负责任的选择（包括重大选择，例如是英勇行事还是背信弃义，是否对朋友撒谎，或者与一个人而不是另一个人结婚）都不得不通过随机的选择以这种方式来确定。那么，按照大多数哲学家的说法，这样的结果将会是对如下观点的一个归谬论证：自由意志和责任要求非决定论。

最后，考虑一下如下异议，这是由一些非决定论的自由选择的批评者提出的。① 我们可以称之为"运气异议"。如前所述,非决定论意味着:即便是在过去完全相同的情况下,也有不同的可能未来。假设两个行动者直到他们面临一个选择(是为了一己私利而歪曲真相,还是以巨大的个人代价说出真相)的那个时刻为止有着完全相同的过去。一个行动者撒谎,另一个说真话。布鲁斯·沃勒将这个异议总结如下:如果这两个行动者的过去在任何方面都"实际上是相同的",直到做出选择的那一刻为止,"他们在行为方面的差异是偶然造成的",那么是否"有任何根据可以将[他们]区分开来,说一个人因为自私的决定而应受谴责,而另一个人则值得赞扬"?②

另一位批评者阿尔弗雷德·米利也从不同可能世界中单一的行动者的角度来提出同样的问题。假设在现实世界中,约翰甲没能抵制住诱惑,没能去做自己认为应该做的事情,即准时参加一场会议。如果在过去相同的情况下,约翰甲本来就可以采取与之前不同的行为,那么我们就可以想象如下情境:他的配对者约翰乙,在另一个可能世界(直到做出选择的那个时刻为止,这个世界与现实世界完全相同)中,抵制住诱惑,按时参加会议。米利接着论证说,"如果行动者的力量、能

---

① 如下作者提出了这个异议:Galen Strawson、Alfred Mele、Bernard Berofsky、Bruce Waller、Richard Double、Mark Bernstein 以及 Ishtiyaque Haji。关于对这个异议的陈述,见第一章和本章建议阅读材料。
② Bruce Waller, "Free Will Gone Out of Control: A Critical Study of R. Kane's Free Will and Values", *Behaviorism* 16 (1988): 149-167; quotation, p. 151.

力、心理状态、道德品格等因素无法解释这种结果方面的差异……那么差别就只是运气问题"。看来约翰乙在克服诱惑的尝试中很幸运,而约翰甲并不幸运。由于看似在根本上属于抽签运气的东西而奖励一方、惩罚另一方,这样做是公平的或公正的吗?①

五 非决定论条件与额外因素策略

在自由意志争论的历史中,我们经常看到许多对意志自由论的自由意志的指控,即指控未被决定的行动是"任意的""反复无常的""随机的""不受控制的""无理性的""令人费解的"或者"纯属运气或机遇"——几乎所有的一切,除了自由和负责任的行动。诸如第三节和第四节概述的八个异议就隐藏在这些指控背后。对意志自由论者来说,如果他们想要让自己的观点变得有意义并解决下山问题,首要任务就是消除这些令人熟悉的指控。

对于理解意志自由论者如何处理试图回答这些指控的任务,注意到如下这一点是有帮助的:上述所有异议背后的问题是如何调和自由行动与我们所说的"非决定论条件"。

---

① Alfred Mele, "Review of Kane, The Significance of Free Will", *Journal of Philosophy* 95 (1998): 581-584; quotation, pp. 582-583.

非决定论条件：在过去的环境和自然法则都完全相同的情况下，行动者竟然能够以某种方式行动和不以这种方式行动（选择不同的可能未来）。

正是这个"非决定论条件"让下面这种情况显得无理性、令人费解、反复无常和任意：在同样的先前慎思实际上促使迈克偏爱和选择去夏威夷度假的情况下，他选择去科罗拉多度假。正是同样的非决定论条件促使米利论证说，如果约翰甲和约翰乙的环境直到做出选择的那个时刻为止是完全相同的（如果他们在"力量、能力、精神状态、道德品格等方面"没有差异），那么，除了运气，"就没有任何关于这两位行动者的东西可以解释"为什么约翰甲没能克服诱惑，而约翰乙却克服了诱惑。

反思这个非决定论条件让我们大致了解了意志自由论者为了尝试理解意志自由论的自由意志而习惯于采取的策略。意志自由论者往往以下述方式进行推理。如果在过去的环境和自然法则都完全相同的情况下，行动者可以以某种方式行动或不以这种方式行动，那么在结果上的差别——行动者以一种方式行动或选择，而不是以另一种方式行动或选择，必定**是由没有被包含在过去的环境或自然法则中**的某个**额外**因素来解释的。行动者以不同方式行动不能仅仅用他在行动前的环境来解释，因为按照假设，这些先前的环境没有差异。因此,如果要使结果不只是随机的、任意的和无法阐明的,就必须在过去的环境和自然法则之外加入一个额外的因素来解释这种差别。

让我们把这种试图理解意志自由论的自由意志的策略称为"额外因素策略"。纵观历史,意志自由论者经常援引某个额外的因素来说明自由意志在他们的意义上是如何可能的。但是,额外的因素各不相同。意志自由论者援引了非物质性的心灵或灵魂,时空之外的本体自我,不能还原为科学的因果关系模式的特殊形式的行动者因果关系,本质上不能由先前的事件来决定的"意志行为"或"意愿",对行动进行解释但又不是行动的先前原因的"理由"或"目的"或"最终原因",等等。这些额外的因素旨在说明为什么自由的选择或行动不只是以任意的、反复无常的、随机的、不受控制的或无理性的方式发生的——即使这些选择或行动并不是由先前的原因和自然法则来完全决定的。

在下一章中,我们将考虑一些最重要的传统额外因素策略,意志自由论者试图通过这些策略来理解他们所信奉的那种深层的自由意志。

建议阅读材料

针对意志自由论的自由意志立场的批评很多。三种可读的批评是:Richard Double, *The Non-reality of Free Will* (Oxford, 1991); Bruce Waller, *Freedom Without Responsibility* (Temple, 1990); Ted Honderich, *How Free Are You?* (Oxford, 1993)。支持和反对意志自由论的自由观的一本有用文集是:Timothy O'Connor (ed.), *Agents, Causes, and Events: Essays on Free Will and Indeterminism* (Oxford, 1995)。

第五章　心灵、自我与行动者原因

一　心身二元论

　　当人们思考如何理解意志自由论的自由意志时,脑海中浮现的最明显的额外因素策略就涉及一种关于心灵和身体的**二元论**(这实际上就是勒内·笛卡尔的想法)。如果"心灵"或"灵魂"与身体截然不同,它就会处于物质世界之外,其活动就不会受支配物理事件的自然法则的支配。此外,如果像笛卡尔想象的那样,一个无身体的心灵或灵魂可以通过影响大脑而与物质世界互动,那么心灵或灵魂将是意志自由论者解释自由选择所需的"额外因素"。凡是不能完全用大脑或身体的活动来解释的东西,都可以用心灵或灵魂的活动来解释。

　　要让这种对自由意志问题的二元论解决方案发挥作用,

物理世界就必须合作，允许自然界中有一点非决定论，也许是在大脑中。量子跃迁或大脑中其他未被决定的事件本身可能不等于自由选择。但大脑中未被决定的事件可能会在自然界中提供"回旋余地"或"因果差距"，而通过这些东西，某个额外因素，比如非物质性的心灵或灵魂，可能会干预物理世界，从而对物理事件产生影响。

因此，从二元论进路来探究自由意志的人们可以在一种有条件的形式上接受非决定论条件：他们可以说，即使所有过去的**物理**环境都保持不变（因为物理环境就是受自然法则支配的那种环境），自由行动者也能选择或者以其他方式选择。但是，行动者的心灵或灵魂的活动将不属于物理环境，也不受自然法则支配；一种非物质性的心灵或灵魂的活动可以说明为什么做出了一种选择而不是另一种选择。因此，自由选择将不再是任意的、随机的或无法阐明的；如果你只是描述物理世界的话，自由选择也不会是完全通过机遇或运气发生的，尽管看起来是这样。

这种对自由意志问题的二元论解决方案自古以来一直都很诱人，现在仍然如此。许多人往往会自然地认为心身二元论是解决自由意志问题的明显办法，也许是唯一的办法。因此，理解如下问题就很重要：为什么许多哲学家认为，确认一种关于心灵和身体的二元论本身并不会解决第四章所讨论的关于意志自由论的问题？让我们暂时不考虑人们通常对笛卡尔的那种"相互作用论"的心身二元论所提出的哲学关切：一个非物质性的心灵如何作用于一个物理身体？心灵在哪里作用于身体？心灵的干预是否违背了自然法则？若违背的话，是如何违背的？不管心身二元论可能会产生什么样的问题，我们感兴趣的是，诉诸心身二元论本身不会解决我们一直在考虑的非决定论所带来的关于自由意志的问题。

要明白何以如此，可以问这样一个问题：如果一个自由选择（比如莫莉选择加入达拉斯的律师事务所，迈克选择去夏威夷度假，约翰选择迟到）不是由行动者大脑中先前的**物理**活动决定的，那么它是由行动者的心灵或灵魂的先前的**心理**活动决定的吗？对自由意志持有意志自由论立场的二元论者必须回答说，意志自由论意义上的自由选择不可能是由一种无身体的心灵或灵魂的先前活动决定的，正如自由选择不可能是由身体的先前的物理活动决定的。因为，无论以哪一种方式，决定论都会排除采取与之前不同的行为的可能性，因此也就排除了意志自由论的自由意志。如果上帝在创造我们的时候，已经使得我们**心灵**的活动和影响也是被决定的，那么我们就不可能碰巧因为我们的心灵与我们的身体是分离的，而**在自由意志方面**有更好的表现。

但是，如果由心灵来决定并不比由身体来决定更可接受，那么想要捍卫意志自由论的二元论者就不能仅仅说，在过去所有的**物理**状况都相同的情况下，莫莉（或者迈克或约翰）本来就可以做出选择,或者本来就可以做出其他选择。二元论者还必须说,在过去所有的物理状况**以及心理状况**都相同的情况下,自由行动者本来就可以做出选择,或者本来就可以做出其他选择。如果二元论者不说这一点,他们就无法真正避免决定论。但是,如果二元论者这么说,那么所有关于非决定论条件的原始问题都会回来困扰他们。如果所有同样的先前想法、推理和其他心理(以及物理)状况实际上促使莫莉倾向于选择达拉斯的律师事务所,而在这种情况下她选择了奥斯汀的律师事务所,那么她加入奥斯汀的律师事务所的选择,若是来自一个无身体的心灵或灵魂,就会像是来自一个有身体的人一样,完全是无理性的、无法阐明的和任意的。如果约翰甲和约翰乙直到他们做出选择的那个时刻为止具有完全一样的心理(以及物理)历史,但可能已经做出了不同的选择,那么米利的问题就会困扰我们:"除了运气,还有什么能说明他们在选择方面的差异——为什么约翰甲没有克服诱惑,而约翰乙却克服了?"

由于诸如此类的原因,将行动者的思想和慎思置于一个无身体的心灵或灵魂中并不能解决关于未被决定的自由意志的问题。二元论只是将这些问题转移到另一个层面,即从物理领域转移到心理领域。这就解释了为什么像西蒙·布莱克本这样的意志自由论的批评者会说:"对自由意志的二元论探讨犯了一个根本的哲学错误。它看到一个问题,并试图通过将另一种'东西'[进行控制的灵魂]扔进竞技场来解决它。但它忘了问那个新'东西'如何能够逃脱困扰日常事物的问题……如果我们不能理解人类[在意志自由论的意义上]是如何自由的,我们也不能理解[一个无身体的心灵]是如何自由的。"①当然,布莱克本的评论并不意味着二元论必然是错误的。但它确实意味着,诉诸与身体相分离的心灵或灵魂本身,并不像有些人所相信的那样能够解决自由意志问题。

在这一点上,二元论者可能会诉诸难以理解的事物。他们可能会说:"我们不太了解无身体的心灵或灵魂实体,也不知道它们是如何运作的。""我们怎么能确定一个非物质性的心灵不可能做出未被决定的选择,而这些选择并不只是随机的、任意的、反复无常的、无法阐明的?"说得不错。我们不知道。但是,如果二元论者依赖于这种回应而不做更多的事情,那么他们只是确认对意志自由论的自由意志理论的最常见的批评——若不最终诉诸某种神秘的东西,你就无法理解意志自由论的自由意志。20世纪一位伟大的物理学家埃尔温·薛定谔就说过一些与这一点相关的话,他说,"以神秘的东西为代价,你可以得到任何东西",尽管我们也可以补充一句,用伯特兰·罗素的话来说,你太容易得到它了——通过偷窃而不是诚实的劳动来获得它。

---

① Simon Blackburn, *Think* (Oxford: Oxford University Press, 1999), p. 89.

二 康德与本体自我

一些意志自由论者承认,意志自由论的自由意志是而且必定永远是神秘的。如前所述,伊曼努尔·康德认为,为了让道德和真正的责任变得有意义,我们就需要意志自由论的自由。但是,康德也认为,一种意志自由论的自由是不能用理论或科学的措辞来理解的。① 康德说,科学和理性只能告诉我们事物在空间和时间中**呈现**给我们的方式——**现象**的世界。但是,科学和理性不能告诉我们事物本身所是的方式——**本体**。因此,如果科学家是生物化学家或神经学家,那么,当他们试图说明一个行动者为什么做出这样而不是那样的自由选择时,他们就会诉诸行动者的大脑和身体的先前状态和过程,这些状态和过程在空间和时间上呈现给我们。如果科学家是心理学家,那么他们就会诉诸行动者的心灵的先前状态和过程,而按照康德的说法,这些状态和过程是在时间中而不是在空间中呈现给我们的。但是,无论哪种情况,科学家都无法说明为什么会出现一种自由选择而不是另一种。因为,如果选择是未被决定的,那么看来就不能用任何形式的先前状态和过程来充分地说明一种自由选择而不是另一种自由选择的发

---

① Immanuel Kant, *Critique of Pure Reason* (London: Macmillan, 1958), pp. 409–415.

生,不管那些状态和过程是物理的还是心理的。

现在,康德实际上相信在空间和时间中发生的所有事件都是被决定的。作为18世纪的作家,康德确信牛顿的机械论物理学为物理世界提供了真正的解释,而这个物理学是决定论的。但是,为了得出一个与康德的结论类似的结论,即科学无法解释自由选择,我们并不需要像他那样假设科学是决定论的。因为**从科学的角度,在空间和时间之内来看**,如果自由选择**不是**被决定的,那么它们似乎完全是随机事件,比如原子中的量子跃迁。不管它们是被决定的还是随机的,它们不会是自由选择。因此,要是康德了解现代物理学,他可能就会以这种方式做出回应:"就像自由选择不能用一种决定论的(牛顿)物理学来解释一样,它们也不能用非决定论的(量子)物理学来解释。我可能弄错了牛顿物理学的真相。但在认为自由选择超越了科学的解释这一点上,我没有错。"

然而,我们也知道康德持有这样一种想法:即使科学无法说明意志自由论的自由意志,我们还是要相信这种自由意志。这种自由意志是我们的**实践**推理所预设的,特别是我们的道德生活所预设的。[①] 康德做出了这样的推理:当我们在实际生活中思考是否要遵守对朋友的许诺时,我们必须预设我们可以遵守许诺**或**违背许诺,我们要做什么是"由我们来决定的"。

---

① Kant, *Foundations of the Metaphysics of Morals* (Indianapolis: Bobbs-Merrill, 1959), pp. 64–72.

如果我们不相信这一点,慎思就变得毫无意义。但是,如果我们能遵守许诺或违背许诺,那么制约我们行为的法则就是一个我们可以选择遵守或违背的道德法则("你应该遵守自己的许诺")。

康德相信,受这种道德"法则"支配完全不同于受科学的自然"法则"支配。自然法则是从外部强加给我们的,我们无法选择要不要遵守它们。相比之下,按照道德法则来行动,用康德的话来说,就是要成为**自我立法的**或**自主的**("自主的"这个词来自希腊语 *auto*[自我]和 *nomos*[律法])。这是我们给自己制定的法则,是我们可以选择遵守或不遵守的法则。康德认为,在我们实际的道德生活中,我们必须假设自己是自我立法的或自主的存在者。这种**自主性**(对他来说相当于**自由意志**)与受科学的自然法则支配是不相容的。

因此,按照康德的观点,在我们的**实践**推理或道德推理和我们的**理论**推理或科学推理之间就有一种差别(和张力),前者要求我们相信自由意志,而后者则不能解释这种自由。康德试图以如下主张来缓解这种张力:科学和理性描述的只是在空间和时间中呈现给我们的自我(现象自我),不是那个"自为地"存在的自我或人格(本体自我)。他论证说,我们的真实自我或本体自我可以是自由的,因为它们不受时空或自然法则的约束。

但是,当科学和理性试图解释本体自我**如何**能够获得自由时,它们不可避免地会寻找我们的行为的物理、心理或社会原因;这样一来,科学家描述的就只是呈现给我们的那个自我,即现象自我,而不是本体自我或真实自我。实际上,我们可以对这个本体自我(它的状态或活动)所说的任何东西,都是对其物理、心理或社会状况的描述,因此是对现象自我而不是真实自我的描述。因此,本体自我是康德理论中那个被认为解释了自由意志的"额外因素"。但是,我们不能说它是**如何做到的**。如果自由意志就是康德意义上的本体自我的产物,那么它确实是一个谜。

三 行动者因果关系

从前面的讨论中你可以明白,为什么许多愿意相信意志自由论的现代哲学家不满足于解决自由意志问题的心身二元论方案或康德的方案。二元论观点和康德的观点都需要强有力的、有争议的形而上学假设,但却没有同时解决关于非决定论和机遇的问题,而正是这些问题让大多数人首先拒斥意志自由论的自由意志。我们要考虑的第三种传统的意志自由论策略在当代哲学家中更为流行。有时,这第三种策略与其他的意志自由论策略(例如二元论)相结合;但是,更多的时候,它是在其自身的立场上得到捍卫的。

第三种意志自由论策略通常被称为"**行动者因果策略**"或

者"**行动者因果关系**理论",因为它关注的是行动者所发起的因果关系这一概念。按照行动者因果观点,自由的行动者能够以一种特殊的方式引起自己的自由行为,这种方式不能被还原为状况、事件或事态所产生的因果关系。这种观点的著名捍卫者罗德里克·齐硕姆是这样说的:

> 如果我们只考虑无生命的自然物体,我们就可以说,因果关系,若发生的话,就是**事件或事态**之间的一种关系。大坝的决堤是由一系列其他事件引起的——大坝的脆弱、强大的洪水等。但是,如果一个人对某个行为负责,那么……就有某个事件[他的行为或行动]……是被引起的,但不是由其他事件或事态引起的,而是由行动者自己引起的,不管他可能是什么。①

齐硕姆是在暗示一种摆脱意志自由论困境的方法:意志自由论的自由行动不能完全是由先前的情况、事件或事态**引起的**;它们也不可能是**无前因的**或者完全偶然地发生的。不过,还有第三种可能性:我们可以说,自由行动确实是被引起的,但

---

① R. M. Chisholm, "Human Freedom and the Self", in Gary Watson (ed.), *Free Will* (Oxford: Oxford University Press, second edition, 2003), pp. 24-35. 该文也收录在如下两本文集中: Robert Kane (ed.), *Free Will* (Oxford: Blackwell Publishers, 2002), pp. 47-58; Laura Waddell Ekstrom (ed.), *Agency and Responsibility: Essays on the Metaphysics of Freedom* (Boulder, Co: Westview Press, 2001), pp. 126-137。

第五章 心灵、自我与行动者原因

不是由先前的情况、事件或事态引起的。自由行动是由**行动者**或**自我**引起的,而行动者或自我根本就不是一种情况、事件或事态,而是一种持续存在的事物或实体。我们不必在为先前的原因所决定和非决定论或偶然性之间做出选择。我们可以说自由行动是**自我**决定的,或者说是由**行动者**引起的,即使它们不是由事件决定的。

因此,对行动者因果论者来说,解释自由意志的那个"额外因素"就是行动者。或者更确切地说,那个额外因素是在行动者和行动之间的一种特殊的或独特的因果**关系**,这种因果关系既不能被还原为事件、事情的发生和事态(不管它们是物理**还是**心理的)所引发的那些通常的因果关系,也不能按照此类因果关系来充分地解释。因此,从行动者因果关系的观点来看,非决定论条件在如下的一般意义上是真的:在过去所有的物理**和**心理状况以及自然法则都完全相同的情况下,行动者可以行动或者以其他方式行动,因为造成差别的因素是由某种东西(行动者)引起的,而在事件、事情的发生或事态(不管它们是物理的还是心理的)是一种情况的意义上,那种东西根本就不是一种**情况**。

这种既不是事件也不属于事情发生的行动者因果关系很不同寻常,甚至其捍卫者如齐硕姆也承认这一点。(为了指出其特殊性,在有关自由意志的论著中,"行动者因果关系"[agent-causation]经常被连在一起,我也遵循这种做法。)事实

81

上,我们确实经常谈论引起事件或事情发生的**事物**或**实体**:"石头打破了窗户"或者"猫引起台灯掉下来"。但是,在日常生活中,事物或实体所产生的因果关系通常可以被解释为其他事件或事情的发生引起某个事件或某件事情的发生。正是石头**运动**和**撞击**窗户导致了窗户破碎;正是猫**跳上**桌子**撞到**台灯导致台灯掉下来了。这些都是各自涉及石头和猫的事件。

但是,当这种既不是事件也不属于事情发生的行动者因果关系被认为解释了自由意志时,在这种特殊的因果关系的情形中,按照事件或事情发生来重新解释的做法被认为是不可能的。行动者**非发生性地**(non-occurrently)引起事情发生,[①]并不是由于做了别的事情,也不是由于处于某些状态或经历变化。行动者因果论者认为,为了说明不是由先前的情况来决定的自由行动,我们就必须认识到,除了科学所承认的、由其他事件或事情的发生引起某个事件或某件事情的发生的那种通常的因果关系,还有一种因果关系。我们必须认识到这样一种可能性:一个行动者或实体直接引起一个事件或导致一件事情发生,这是一种原始关系,不能被进一步分析为事件或事情发生所产生的因果关系。

齐硕姆引用亚里士多德《物理学》中的一句话来说明关于

[①] 在这里,"非发生性地"指的是行动者对一个事件(例如一个决定或选择)的引发不是以一般意义上的事件发生的方式发生的。——译者注

直接的行动者因果关系的想法:"一根手杖移动一块石头,那是由手来移动的,而手又是由人来移动的。"① 手杖移动石头是一个事件引起另一个事件的普通因果关系的一个例子,齐硕姆称之为"**外在因果关系**":是手杖**移动**了石头。同样,手的**移动**引起手杖**移动**,因此手移动手杖是外在因果关系或事件因果关系的另一个例子。但是,对于行动者对自己的手的移动,我们该怎么说呢?齐硕姆的回答如下:

> 我们可以说这只手是由那个人移动的,但我们**也**可以说,这只手的运动是由某些肌肉的运动引起的;我们可以说,肌肉的运动是由大脑中发生的某些事件引起的。但是,某个事件,大概是大脑中发生的那些事件中的一个,是由行动者引起的,而不是由任何其他事件引起的。②

换句话说,如果我们最终要说**行动者**做了自己要负责的任何事情,那么我们迟早必须说行动者**直接**导致了这一连串事件中的某个事件(比如大脑中的某个事件或者移动石头的选择),而且,他这样做,既不是通过做某件其他事情,也不是通过被任何其他事件引起去做那件事情。正如另一位因果关系理论家理查德·泰勒所说,"有些……因果链……要有开端,

---

① Chisholm, "Human Freedom and the Self", p. 30.
② Chisholm, "Human Freedom and the Self", p. 31.

它们开始于行动者本身"。①

齐硕姆把这种由行动者直接形成的因果关系称为"**内在因果关系**",以区别于外在因果关系。他补充说：

> 如果我试图[对内在因果关系]提出的说法是正确的,那么我们就有一种特权,而有些人只会把这种特权归于上帝：我们每个人在行动时都是一个不被推动的第一推动者。在做我们所做的事情时,我们引起了某些事件的发生,而没有什么,或者没有任何人,引起我们引起这些事件发生。②

齐硕姆是基于什么理由而认为,行动者内在地引起一个事件这件事不是由其他事件引起的呢？按照齐硕姆和其他行动者因果论者的观点,答案是：行动者本身不是事件或事情的发生,因此,他们不是**那种**本质上可以由其他事件外在地引起的事物。如果行动者内在地引起行动这件事可以用涉及行动者的其他事件(比如行动者的大脑或心灵的状态和过程)来解释,那么我们就可以问是什么引起了这些其他事件,因果链就不会从行动者开始。但是,这种既不是事件也不属于事情发生的行动者因果关系有这样一个显著特征：它不能用涉及行

---

① Richard Taylor, *Metaphysics* (Englewood Cliffs: Prentice-Hall, 1974), p. 56.
② Chisholm, "Human Freedom and the Self", p. 34.

动者的事件或事情发生来解释。行动者内在地直接引起一个行动或事件,而不是通过做任何其他事情。因此,就没有任何其他的事件或事情发生可以让我们去问:究竟是什么引起了它?因果链从行动者开始,而行动者是一个"不被推动的第一推动者"。

四 评估行动者因果观点:里德与因果力

对于这种行动者因果观点,我们该说什么呢?不足为奇的是,对于意志自由论的自由意志理论的许多批评者来说,内在因果关系的概念就像康德的本体自我或笛卡尔的非物质性的心灵一样神秘。在这些批评者看来,说(就像齐硕姆所说的那样)我们就像上帝那样是"不被推动的第一推动者"或"无前因的原因"毫无帮助,因为这种做法只是试图用更模糊的东西来解释模糊的东西。我们知道上帝是如何在不被推动的情况下进行推动的吗?既然我们至少在某种程度上显然**被**许多我们没有意识到的物理、心理和社会因素推动,我们在行动方面真的像上帝吗?

甚至行动者因果关系的一些捍卫者也承认这个概念是神秘的。之前提到的理查德·泰勒说:"人们很难完全宽心……全无尴尬地确认这种能动性理论,因为其中涉及的对人及其能力的构想确实很奇怪,如果说不是极为神秘的话。"①然而,泰勒认为这样一种行动者因果关系的概念是能够与意志自由论的自由能动性保持一致的唯一概念。"如果我相信某个与自己不一样的东西是我的行为的原因,比如某个完全外在于我自己的事件,或者甚至某个内在于我自己的事件,比如某个神经冲动或意愿,或者不可名状的东西,那么,除非我进一步相信我是那个外在或内在事件的原因,否则我就不能把那个行为看作我的行为。"②

齐硕姆试图通过引用18世纪苏格兰哲学家托马斯·里德的观点来缓解围绕内在因果关系的神秘气氛,因为里德通常被视为现代行动者因果关系理论之父。里德论证说,行动者因果关系的概念不能从事件因果关系中推导出来,也不能被还原为事件因果关系,它反而比事件因果关系更基本。只有通过把我们自己的因果效力理解为由行动者自己发起的,我们才能在根本上把握"**原因**"这个概念:他说,原因的概念"可能非常可信地来自我们对……我们自己产生某些影响的力量的体验"③。然后,我们把这种力量从自己身上扩展到世界上的其他事物。但我们对因果力(causal power)的理解首先来自我们作为行动者的亲身经历。因此,按照里德的说法,行

---

① Richard Taylor, *Metaphysics*, p. 57.
② Richard Taylor, *Metaphysics*, p. 55.
③ *The Works of Thomas Reid* (edited by W. Hamilton, Hildeshein: George Ulm, 1983), p. 599.

动者因果关系可能很难理解。但是,我们还是要相信它,因为我们在日常生活中对它有直接的体验;事件因果关系的概念是从行动者因果关系中衍生出来的,而不是反过来。正如齐硕姆从里德那里得到启示时所说:"若不理解内在因果关系的概念,我们就不会理解外在因果关系的概念。"①

里德和齐硕姆或许是对的:我们从我们自己对能动性的体验中得到了因果力的首要观念。一些心理学研究支持这一观点。但是,仅凭这一事实并不能消除围绕着他们的行动者因果观点的问题。第一个问题是:我们如何仅仅从我们自身的直接经验中知道我们的行动不是由事件(其中一些事件可能对我们藏而不露)来决定的?我们可能会觉得事实并非如此。正如泰勒所说,我们可能会觉得,我们作为行动者,是我们的行动的唯一决定者。但我们怎么能确定呢?对于行动者因果论者来说,说行动者内在地引起的选择或行动**本质上**不能是由先前的事件引起的,似乎是通过规定来回答这个问题。在这样说时,行动者因果论者似乎是在定义内在因果关系,以至这种因果关系原则上不能由其他事件引起。如果是这样的话,他们就是在免费获得自己想要的结果,而不是通过诚实的劳作。

---

① Chisholm, "Human Freedom and the Self", p. 31.

五　行动者因果关系、倒退与随机性

不过,为了便于论证,假设我们承认他们的规定:行动者内在地引起一个行动或事件这件事情,就其本质而论,不是由其他事件决定或引起的。这样一来,第二个问题就出现了:如果行动者因果事件不是被决定或引起的,那么它们是随机的吗?行动者因果理论真的消除了关于未被决定的自由选择的**随机性**或**任意性**的问题吗?回想一下这个问题是如何提出的:如果迈克本来就可以选择是要去夏威夷度假还是去科罗拉多度假,那么,既然所有相同的先前的心理和物理状况(其中包括完全相同的先前的思想过程)导致他的选择,他对其中任何一个选项(夏威夷或科罗拉多)的选择难道不是随机的或任意的吗?行动者因果论者回答说,这个选择不会完全是随机地或任意地发生的,比方说,"出乎意料"地发生的(即使它不受先前状况的决定),因为迈克,**作为行动者**,本来就会以这样一种方式内在地促使任何一个选择被做出,而这种方式不能完全用由先前的状况所产生的因果关系来说明,也不能被还原为这种因果关系。

但是,这真的能够解决随机性或任意性问题吗?如果在同样的心理状况和同样的慎思最终促使迈克偏爱和选择去夏威夷度假的情况下,迈克选择去科罗拉多是无理性的、令人费解的、随机的或任意的,那么,在这些相同的心理状况和慎思最终促使他选择去夏威夷度假的情况下,迈克**作为行动者引起**(或者说**内在地引起**)去科罗拉多度假的选择这件事难道不也是无理性的、令人费解的、随机的或任意的吗?随机性或随意性问题似乎只是从选择的随机性和随意性转移到**行动者(内在地)引起选择**这件事的随机性和随意性,而不是得到了解决。

当我们考虑关于运气和机遇的问题时,类似的问题也会出现。约翰甲经受不住诱惑,选择开会迟到。在完全相同的情况下,约翰乙克服了诱惑,选择准时参会。按照运气异议,如果在约翰甲和约翰乙的力量、能力、精神状态、道德品格等因素(这些因素导致了他们的选择)方面,没有什么东西能够解释为什么约翰甲选择了一条路,约翰乙则选择了另一条路,那么差别就只是运气问题。约翰乙在克服诱惑的尝试中很走运,而约翰甲却不走运。

行动者因果论者回答说,仅仅因为约翰甲和约翰乙的选择不是由先前的事件引起的,并不意味着他们的选择完全是出乎意料地发生的,不是由**任何东西**引起的。这些选择不是由先前的事件引起的,而是由行动者引起的。约翰甲作为行动者(以一种不能用先前事件的因果关系来解释的直接的或内在的方式)引起自己迟到的选择,约翰乙作为行动者以同样直接的方式引起自己准时到达的选择。因此,哪一个选择发生是由他们来决定的。

但是,这个论证真的能够回答运气异议吗?如果约翰乙选择克服诱惑而约翰甲没能克服诱惑是运气或机遇问题,那么为什么约翰乙**作为行动者**(内在地)**引起**选择克服诱惑而约翰甲没能克服诱惑不是运气或机遇问题呢?既然导致一种选择而不是另一种选择的内在因果关系也没有被先前的情况决定,那么在约翰甲和约翰乙的力量、能力、精神状态以及其他先前的情况方面,就没有什么东西能够解释为什么他们**作为行动者内在地**引起了不同的选择。看来,关于运气或机遇的问题,就像关于随机性和任意性的问题一样,只是从**选择**转移到**行动者引起选择**这件事,而不是得到了解决。

齐硕姆意识到了这些困难。他认为,为了与行动者因果论者的总体策略保持一致,他们应该回答说,**行动者引起选择**这件事不是由先前事件引起的,但也不是侥幸地或偶然地发生的。还有第三个选项:行动者引起选择这件事本身是由行动者内在地引起的。齐硕姆意识到,这个回答看来会不幸地导致一种无穷倒退:如果约翰甲(或约翰乙)是其选择的行动者原因,那么他也是其选择的行动者原因的行动者原因,也是其选择的行动者原因的行动者原因的行动者原因,以此类推。这至少是一个令人不快的结果:似乎每一个自由选择都需要一个无限系列的原因。但是,齐硕姆还是咬紧牙关接受了这个结果,因为他认为,如果倒退在任何一点上停止,那么,第一个内在原因是"由行动者来决定的",而不是完全随机或偶然地发生的,这一点就不清楚了。为了让无限系列的内在原因似乎不那么违反常识,齐硕姆补充说,行动者不需要**意识到**所有这些行动者原因,因为行动者因果关系学说并不要求行动者意识到他们作为行动者原因而引起的所有事件。

尽管如此,大多数哲学家,以及大多数行动者因果论者自己,都不愿像齐硕姆那样假设一个无限系列的行动者因果关系。很幸运,他们还有另一种选择,即大多数行动者因果论者更喜欢的那种选择。他们当中的许多人说,"齐硕姆的错误",

> 就在于他假设行动者因果关系是这样一个事件,就像任何其他事件一样,这个事件要么是被引起的,要么是随机发生的。行动者因果关系是独一无二的,不能像处理任何其他事件或事情的发生那样来加以处理。问"如果行动者因果关系不是被引起的,那为什么它不是随机发生的?"这一问题,就表明你并没有真正理解什么是行动者因果关系。内在的行动者因果关系不是那种原则上**可以**随机地或偶然地发生的事情,正如它在原则上不能被引起一样。因为行动者因果关系**就是**行动者对事件实施有意识的控制;行动者对一个事件实施有意识的控制不是那种出乎意料地发生的事情,不是侥幸地或偶然地发生的。因为这种因果关系就其本质而言取决于行动者。我们不需要进一步的行动者原因来解释。

这种回应确实避免了齐硕姆的倒退。但是,如果行动者因果论者以这种方式回应,那么看来他们又一次通过规定来解决意志自由论的自由意志问题。在回应如下异议时,他们坚持认为内在的行动者因果关系原则上不是由先前的事件或状况引起或决定的:"就我们所知,内在的行动者因果关系可能是由隐藏的原因来决定的。"现在,在回应随机性异议和运气异议时,他们补充说,行动者因果关系不是那种原则上可以随机地或偶然地发生的事情,因为它是行动者有意识地进行控制的东西。

对于许多意志自由论的批评者来说,这个解决方案看起来就像是通过一种**双重**规定来解决意志自由论困境(要么是决定论,要么是纯粹的偶然性)——它解决这个困境,是通过引入以这样一种方式来定义的一种特殊的行动者因果关系,以至:第一,这种特殊的因果关系就其本质而论是不能被决定的;但是,第二,它本质上也不能是随机的。我们可以理解为什么许多意志自由论的批评者认为,行动者因果理论或是导致无穷倒退,或是通过定义这些既定的理论来解决关于意志自由论的自由意志的问题(因为其倡导者是"免费"而不是通过诚实的劳作获得自己想要的东西)。加里·沃森在下面这段话中阐述了这一批评:

我们所了解的这种[行动者因果]关系是,当行动者是一个事件的负责任的行动者时,这种关系就在行动者和那个事件之间成立,而且那个事件不是由其他事件引起的……行动者因果关系……通过规定而满足了[这些]条件。但是,挑战在于,要以某种方式来说明这个[行动者因果]关系等于什么,从而给出一些理由来认为它在经验上是可能的。"行动者因果关系"只是标记,而不是阐明了意志自由论者所需的东西。①

沃森的要点是,如果行动者因果论者要做的不仅仅是给意志自由论者所需的东西贴上标签,那么他们就必须更多地阐明行动者因果关系的本质,并做更多的工作来表明这样一种东西在经验上是可能的。如果做不到这一点,行动者因果论者对自由意志问题的解决就会像康德和二元论的解决方案一样神秘。在下一章中,我们将考虑意志自由论者、行动者因果论者以及其他人可用的其他策略,以理解他们所相信的"深层"的意志自由。

建议阅读材料

如下著作捍卫了二元论的自由意志观:John Eccles and

---

① Gary Watson (ed.), *Free Will* (Oxford: Oxford University Press, 1982), p. 10.

Karl Popper, *The Self and Its Brain* (Springer-Verlag, 1977); Richard Swinburne, *The Evolution of the Soul* (Oxford: Clarendon, 1986); John Foster, *The Immaterial Self* (Routledge, 1991); J. P. Moreland and Scott Rae, *Body and Soul* (InterVarsity, 2000)。本章所介绍的康德对自由意志的看法出现在《纯粹理性批判》和《道德形而上学基础》中。关于齐硕姆的行动者因果观点，见 R. Chisholm, "Human Freedom and the Self", 这篇文章收录在好几本文集中, 例如, Gary Watson, *Free Will*, 2nd ed. (Oxford, 2003); Robert Kane, *Free Will* (Blackwell, 2002); Laura Waddell Ekstrom, *Agency and Responsibility: Essays on the Metaphysics of Freedom* (Westview, 2000)。如下著作以同情的态度考察了托马斯·里德的行动者因果观点：William Rowe, *Thomas Reid on Freedom and Morality* (Cornell, 1991)。

第六章 行动、理由与原因

一 简单的非决定论

一些现代意志自由论者论证说,无须诉诸前一章所讨论的"额外因素",比如处于空间和时间之外的心灵或非事件的行动者因果关系,我们就能说明意志自由论者的自由意志。一种采纳这条路线的理论被称为"**简单的非决定论**"。按照简单的非决定论,理解自由意志的关键是区分两种**解释**事件的方式——按照**原因**来解释和按照**理由**或**目的**来解释。按照简单的非决定论,自由行动是**无前因的**事件,但是,即使自由行动是无前因的,这也不意味着它们完全是偶然地或随机地发生的。自由行动的发生,尽管没有原因,却可以按照行动者的理由和目的来解释。

为了理解这种简单的非决定论观点,我们就需要讨论两个主题,它们在关于自由意志的争论中发挥了重要作用,但迄今尚未得到足够重视:第一个主题是**解释**的本质,第二个主题是**行动**的本质。第四章和第五章讨论的许多关于自由意志的问题都涉及如下问题:如果自由行动是没有被决定的或无前因的,那么它们如何得到**解释**?关于如何解释自由行动的问题接着又会导致更深层次的问题,这些问题关系到是什么使某个东西首先是一个**行动**,而不仅仅是发生的事件(例如,偶然地或意外地发生)。我们现在必须考虑这些关于解释和行动的本质的问题。

任何一种解释都是对"为什么"这个问题的回答:为什么某物存在?为什么会发生这种情况?为什么会是这样?但是,就事件而言,"为什么一个事件会发生?"这个问题有两种答案——按照原因做出的解释(例如,火灾是由爆炸引起的),以及按照理由和目的做出的解释。在讨论人类**行动**的时候,我们通常给出的解释是按照理由和目的提出的解释。例如,当我们问"为什么玛丽进入房间?"时,我们是以她的需要、欲望、信念、意图和目标的形式来给出她的理由的。玛丽进入房间,是因为她**想**找到她的钥匙,她**相信**她可能把钥匙留在那里了,并且有找到钥匙的**目**的。引用这些理由和目的解释了玛丽为什么那样做。但是,简单的非决定论者说,这并不意味着玛丽是被引起或决定那样做的。按照他们的说法,理由和目的不是行动的原因;按照理由提出的解释不是因果解释。因此,自由行动可能是**无前因的**,但不是偶然地或随机地发生的。它们的发生是有理由或有目的的。

但是,如果自由行动真的像简单的非决定论者所宣称的那样是无前因的事件,那么是什么使它们首先成为"行为"或"行动",而不只是突然发生的"偶然事件"?(这是刚刚提到的第二个问题,即关于**行动**的本质。)一位著名的简单的非决定论者卡尔·吉内特回答了这个问题。他论证说,一个行动,比如玛丽进入房间,始于一个简单的心理行为,即一个启动行动的**意愿**或者说意志行为。按照吉内特的说法,这个意愿和由它发起的行动之所以是行动,而不只是对玛丽所"发生"的事情,是因为那个意愿和行动具有某种"行为般的现象性质",也就是说,那个意愿和行动被玛丽直接**体验**为她正在做的事情,而不是发生在她身上的事情。①

我们都意识到我们心灵中发生的事情的这种差别。有些心理事件,比如突然出现的一个想法、记忆或印象,似乎只是以一种我们无法控制的方式出现**在**我们身上或者**对**我们发生的。但其他心理活动,比如集中精力解决问题或做出决定,是我们似乎在做的而且能控制的事情。按照吉内特的说法,后一种心理事件,即那些似乎被我们控制的事件,具有这种"行

---

① Carl Ginet, *On Action* (Cambridge: Cambridge University Press, 1990), 11ff.

为般的现象性质";正是这种被体验到的性质的出现使得那些事件成为行动,而不仅仅是偶然事件。当然,并非所有行动都是自由行动。吉内特所说的"行为般的现象性质"只是保证某种事情是一个行动。他坚持认为,一个行动若要成为**自由的**,它不仅必须具有这种行为般的现象性质,而且必须是出于一个理由或目的而做的,**并且**必须是不被决定的。

二 对简单的非决定论的异议

许多哲学家质疑简单的非决定论的如下主张:行动的理由不是行动的原因。玛丽进入房间的理由是,她**想**找到她的钥匙,并**相信**她可能把钥匙落在她进入的房间里了。引用这些理由当然可以解释为什么玛丽进入房间。但是,为什么我们不可以认为,她具有那个欲望和信念是她进入房间的原因之一,也就是说,**为什么**不可以认为她具有那个欲望和信念解释了她的行为?也许那个欲望和信念不是玛丽行动的**唯一**原因,也许它们并没有决定她会进入房间这件事。正如莱布尼茨所说,我们的理由可能"使[某事]倾向于发生而不是必然发生"。它们或许会使我们更有可能以某些方式行动。但是,当我们以这些方式行动时,这样说是很自然的:我们的欲望和信念因果地影响我们的行动,即使它们并不决定我们的行动。

相比之下,桥梁支架上的裂缝可能会使桥梁更容易倒塌。

第六章 行动、理由与原因

在没有强风的情况下,裂缝本身不会引起坍塌。然而,如果桥梁在强风中倒塌,支架上的裂缝将是导致坍塌的一个原因。简单的非决定论的这些批评者说,欲望、信念以及行动的其他理由也是如此。当我们按照它们来行动时,它们是我们行动的原因,尽管不一定是唯一的原因。

在回应这一异议时,吉内特之类的简单的非决定论者承认,欲望、信念以及其他理由确实影响行动,但不是通过引起行动而影响行动。为了理解欲望和其他理由如何影响行动而不引起行动,我们必须引入另外两个在自由意志争论中很重要的概念——**意图**和**目的**。自由行动是我们**有意地**或**有目的地**采取的行动,而不是偶然地或错误地采取的行动。玛丽的行动是有意的,不是偶然的。当她走进房间时,她**意图**找到她的钥匙。因此,她的目的是"找到她的钥匙"。意图是一种精神状态,被我们称为一个**目的**的东西是意图的心理内容——意图所**关于**的东西。因此,如果我正走向商店,脑海中有"买一件夹克"的意图,那么我的**目的**就是"买一件夹克"——我的意图是一个**要做**某事的意图。

吉内特现在补充说,欲望和其他理由影响行动,但不是通过引起行为,而是通过进入我们执行行动的意图的内容中。因此,玛丽想找到钥匙的欲望影响了她进入房间,因为她**意图**"**为了满足找到钥匙的欲望**而进入房间"。对欲望的提及被包含在该目的(上述引号中的内容)中。这样,玛丽的**意图和目**

的就在**行动**(进入房间)和她的**欲望**(找到钥匙)之间提供了解释性的联系。欲望影响行动,但不是通过引起行动,而是通过在执行行动的意图中被提及。但是,这个**意图**本身会引起行动吗?吉内特认为不会。意图不是通过引起行动来**解释**行动,而是简单地通过**提到**行动(意图"进入房间")和将行动与理由("**为了满足欲望**")相联系来解释行动。因此,玛丽的行动可以得到解释,而不仅仅是任意的,**即使它不是被决定的**。

然而,批评者反对说,我们的许多行动理由从未像吉内特所描述的那样明确地进入我们的意图中,但它们仍然影响我们的行动。例如,弗洛伊德和其他精神分析学家让我们意识到,我们的许多欲望和其他的行动理由都是**无意识的**理由。此外,我们经常**压抑**我们的行动的真正理由,或者在我们为什么正在做某事这个问题上欺骗自己。假设玛丽进入房间的真正理由是叫醒她哥哥,后者正在那里睡觉,尽管她压抑了这个理由,并欺骗自己说她进入房间是为了找到钥匙。(事实上,钥匙更有可能在另一个房间。)玛丽从小就讨厌哥哥起得早,在上学的日子里,他总是不怀好意地在她想要被叫醒之前就将她叫醒。在这种情况下,这样说是很自然的:想要叫醒她哥哥是玛丽进入房间的一个原因,即使这不是她的意图中提到的理由。有很多有意识的或无意识的理由(需要、欲望、信念、偏好、厌恶、喜欢、不喜欢等)影响我们的行动。正如阿尔弗雷德·米利在其《动机与能动性》一书中所指出的那样,为了影

第六章 行动、理由与原因

响我们的行动,所有这些理由都必须在我们意图的内容中被提及,这是不可信的。① 更自然的想法是,理由可以影响我们的行动,即使它们没有明确地进入我们的意图中。

对简单的非决定论的另一个异议涉及吉内特的如下主张:意愿和其他行动不同于仅仅发生在我们身上的事情,它们具有一种"行动般的现象性质"。这意味着我们把我们的行动直接体验为我们正在做的事情,而不是发生在我们身上的事情。但是,这种体验有可能是**幻觉**吗?如果我们的自由行动真的是无前因的,那么我们是否会把它们体验为**就好像**是我们的行动,而其实它们并不是。简单的非决定论的一位批评者霍巴特以如下方式提出了这种异议:

> 如果一个意愿行为无原因地启动自身,那么,就一个人的自由而言,它确实就像是从外面被扔进了心灵中——"是一个古怪的恶魔向他暗示的。"②

简单的非决定论的另一位批评者蒂莫西·奥康纳提出了这样的异议:

---

① Alfred Mele, *Motivation and Agency* (Oxford: Oxford University Press, 2003), pp. 42–43.
② R. E. Hobart, "Free Will as Involving Determinism and Inconceivable Without It", *Mind* 32 (1934): 1–27; quotation, p. 5.

自由行动在其核心具有无前因的意愿这一事实显然是令人困惑的。如果[一个意愿]是无前因的,而且在任何意义上都不是在任何东西的决定下产生的,那么它就不是特别由我决定产生的。如果我不决定它,那么它就不在我的控制之下。①

三 再访行动者因果关系

奥康纳论证说,在这一点上,简单的非决定论是不适当的,除非我们像第五章所讨论的齐硕姆和里德那样,给它补充一个非事件的**行动者因果关系**的概念。奥康纳说,自由行动可能不是由**先前的事件**引起的,但它们不可能不是由任何事情引起的。如果一个自由行动"不是由任何东西……引起的",那么它也不会是"特别**由我**[引起]来发生的",也不会"在我的控制之下"。奥康纳的确同意简单的非决定论者的一个说法,即按照**理由**来解释行动不是按照**原因**来解释行动。他也接受吉内特的观点,即欲望和其他理由可以通过提到行动者的意图来解释行动。因此,奥康纳同意我们可以用如下说法来解释玛丽为什么进入房间:她具有"满足她找到钥匙的欲望"的意图。

---

① Timothy O'Connor, *Persons and Causes: The Metaphysics of Free Will* (New York: Oxford University Press, 2000), pp. 85-95.

但是，奥康纳认为，我们还必须问一问玛丽的这一**意图**从何而来。如果玛丽为了满足其欲望而进入房间的意图不是由她的欲望或其他理由引起的，那么它是由什么引起的呢？正是在这个问题上，奥康纳认为我们必须像齐硕姆和里德那样引入非事件的行动者因果关系概念。玛丽进入房间的意图不是由她的欲望或任何其他理由引起的，也不是由任何先前的事件决定的。但是，这个意图是由玛丽这个行动者自身直接引起的；它是由她以一种特殊的方式引起的，而这种方式不能用先前事件的因果关系来解释。简而言之，我们必须援引齐硕姆所说的那种由行动者直接引起事件或状态的**内在**因果关系，而不是由其他事件引起某个事件的那种**外在**因果关系。

吉内特之类的简单的非决定论者对补充这种特殊的非事件的行动者因果关系持怀疑态度。他们认为没有必要用这个额外的概念来"复杂化我们对自由能动性的描绘"。另一位简单的非决定论者斯图尔特·戈茨用如下方式阐述了对行动者因果关系的反对。戈茨说，按照他的简单的非决定论观点，一个选择（比如玛丽选择进入房间）是一个直接在行动者控制下的无前因的事件。① 戈茨说，如果玛丽没有直接控制自己的选择，那就**不会**是她的选择。奥康纳的回应是，戈茨是通过简单

---

① Stewart C. Goetz, "Review of O'Connor, Persons and Causes", *Faith and Philosophy* 19 (2002): 116-120; p. 118. 亦可参见 Stewart C. Goetz, "A Non-causal Theory of Agency", *Philosophy and Phenomenological Research* 49 (1988): 303-316。

地将选择**定义**为具有两个特征的事件而"免费"得到了这个结果：第一，一个选择是无前因的，因此不是被决定的；但是，第二，它是在行动者控制之下的。按照奥康纳的说法，问题是要解释一个事件**如何**能够不是由先前的事件引起的，但又在行动者的控制之下。

戈茨问道："但是奥康纳的替代方案是什么呢？"那个方案相当于以一种特殊的非发生性的方式将自由选择解释为行动者引起一个意图，然后把这种特殊的行动者因果关系**定义**为具有如下两个特征：第一，它本质上是不被决定的；第二，它本质上也在行动者的控制之下。戈茨接着补充说：如果我是在"免费"得到我的结果，那么奥康纳之类的行动者因果论者也是在"免费"得到其结果；他们是在通过补充一个额外的模糊概念（非事件的因果关系）来得到其结果。戈茨问道，如果简单的非决定论者的做法是不合法的，即他们将**玛丽选择**（进入房间）定义为本质上是对一种能力的行使，而这种能力不是由先前的事件引起的，但又在行动者的直接控制下，那么，既然行动者因果论者将**玛丽作为行动者引起其**（进入房间）**的意图**定义为对一种能力的行使，而这种能力不是由先前的事件引起的，但又在行动者的直接控制下，他们岂不是同样不合法吗？

这是一个强有力的质疑。像沃森这样的相容论者可能会说，在这一点上，**双方**——简单的非决定论者和行动者因果论者都在非法地得到他们的结果:通过定义或规定。但是,奥康纳对戈茨的异议有一个回应。他坚持认为,行动者因果论者是在补充一些重要的东西。通过将**玛丽的选择**解释为**玛丽作为行动者引起其意图**,行动者因果论者是在说出这样一个事实:选择并不像戈茨和其他简单的非决定论者所声称的那样是"简单的"心理事件。选择具有因果结构。选择做某件事就是**行动者导致或引起做这件事的意图**。因此,奥康纳论证说,通过指出自由选择是行动者所导致的,而不是简单的事件,与简单的非决定论者不同,行动者因果论者就可以解释**为什么自由选择本质上不是由先前的事件引起的**。①

为了说明这一点,奥康纳提醒我们说,日常的事件因果关系具有如下结构:事件 e1(比如火柴点燃)引起事件 e2(爆炸)。然后,他论证说,像这样的事件之间的因果关系(e1 引起 e2)本身不能是被引起的——至少不能被直接引起。我们可以说,**划火柴**(e)引起火柴**点燃**(e1),从而引起**爆炸**(e2)。但是,在这种情况下,我们是在说事件 e(划火柴)引起了该因果关系中的**第一个事件**,即 e1(火柴点燃),然后 e1 引起了第二个事件 e2(爆炸)。换句话说,奥康纳论证说,事件(例如 e1 和 e2)之间的一种因果关系可以只是通过引起该因果关系中的

---

① O'Connor, *Persons and Causes*, pp. 85-95.

第一个事件而被直接引起的,那个事件接着引起了第二个事件(e2)。①

但是,奥康纳论证说,在行动者因果关系的情形中,因果关系并不具有事件之间的因果关系通常具有的那种形式(e 引起 e1)。行动者因果关系具有"A 引起 e"这样的形式,在这里,第一项根本就不是一个事件,而是一个行动者、一个持久的实体。而且,奥康纳认为,"似乎没有办法把握这样一个概念,即一个[行动者 A 引起事件 e]**这种类型**的事件具有一个充分原因"。"由于其特殊的因果结构[A 引起 e],比如说,在它的前端并不存在[可能由其他某个事件来引起的]事件,只有一个持久的行动者。"②因此,一个行动者因果关系本身原则上不能由其他事件引起。通过补充这样一个概念,行动者因果论者就可以解释**为什么**自由选择不能是被决定的,而简单的非决定论无法解释这一点。

四 行动与事件

上述论证面临的一个困难在于行动的本质。当奥康纳说选择不是简单的事件时,他说出了一些重要的东西。选择似

---

① O'Connor, in Gary Watson (ed.), *Free Will* (Oxford: Oxford University Press, second edition, 2003), pp. 271–272.
② O'Connor, in Gary Watson (ed.), *Free Will*, p. 271.

乎有一个因果结构。选择做某件事(比如进入一个房间)是行动者导致或引起做那件事的意图。然而,问题在于,类似的说法也适用于多种行动,而不仅仅是选择。一般来说,**行动**就是**导致或引起某个事件或事态**。例如,**杀死国王**就是**导致国王死亡**(或者引起国王死亡这件事发生)。**举起你的手臂**就是**导致你的手臂举起来**(或者引起你的手臂举起来这件事发生)。**开灯**就是**导致灯开着**,其他行动也是如此。

  正是这个特点使得行动不同于简单的**事件**或偶然发生的事情。行动具有"行动者(A)导致或引起一个事件或状态(e)"这样的形式,其中因果关系的第一项是行动者,第二项是一个事件或状态。行动的这一特征是使得行动者因果理论看似合理的一个东西。但它也对奥康纳的论证提出了一些问题。因为,如果"A 引起 e"这种形式的因果关系本身确实不能是由先前的事件因果地决定的,**因为它的第一项是一个行动者而不是一个事件**,那么这就适用于一般而论的行动,而不仅仅是自由的行动。因为一般来说,行动都有这种行动者因果的形式。这就是它们区别于单纯事件的地方。如果这个论证成立,它将表明,某件事情若要是一个行动,不管它是自由的还是不自由的,它在原则上就不能是被决定的。

  有些人可能会愿意接受这个强结论。他们可能会说,一切行动必然都是不被决定的。这样一来,如果我们生活在一个被决定的世界中,那么没有谁实际上会**做**任何事情。事情都只是会发生。会有"一连串的事件",但没有真正的能动性。但是,大多数人都不想走那么远。即便是意志自由论者和不相容论者通常也会坚持认为,只有**自由的**行动才必须是不被决定的,而不是所有的行动。当人们强制性地行动或者被迫做某些事情时(比如,当枪指着他们的头时,他们交出钱包),他们**做了**一些事情,尽管不是自由地。事实上,奥康纳自己并不想说所有的行动本质上都是不被决定的:只有自由的行动才是不被决定的。但是,这样一来,他提出如下论证就是不充分的:"A 引起 e"这种形式的因果关系不能是被因果地决定的,因为**它的第一项是行动者**而不是事件。(因为所有具有这种行动者因果形式的行动无须是不被决定的。)他必须补充说,**自由的**行动是独一无二的,因为它们是由行动者以**特殊的**非事件或非发生性的方式引起的,而这种方式就其本质而论原则上是不能被决定的。然而,这个主张远远超出了只有自由行动才具有行动者因果结构(A 引起 e)这一主张,而且没有得到后者的支持。因此,有人可能会像戈茨那样论证说,那个进一步的主张只是等同于规定自由行动涉及一种特殊的行动者因果关系,而这种关系本质上是不被决定的,而且本质上也在行动者的控制之下。

诚然,关于行动和选择的一个重要事实是,它们有一个行动者因果结构:约翰举起手臂导致了他的手臂举起来(或者引起他的手臂举起来这件事发生);玛丽做出选择导致她有一个意图或目的去做某事(或者引起她有一个意图或目的去做某事这件事发生)。齐硕姆和奥康纳这样的行动者因果论者正确地将我们的注意力引向这个事实。但是,具有这样一个行动者因果结构**本身**不能证明行动或选择原则上不能是由先前的事件引起的或决定的,需要更有力的论证来表明这一点。

五 行动的因果理论

关于行动的因果结构的这一争论与第一节所讨论的简单的非决定论观点的另一个特征有关,即行动的**理由**不是行动的**原因**这一主张。如前所述,许多哲学家质疑简单的非决定论者关于理由不能是原因的主张。玛丽进入房间的理由是她**想**找到她的钥匙,并**相信**她可能把钥匙忘在房间里了。引用这些理由解释了玛丽为什么进入房间。但是,这些哲学家问,为什么我们不能说玛丽具有这个欲望和信念是她进入房间的原因之一?那个欲望和信念无须是玛丽的行动的唯一原因,正如桥梁的结构缺陷不是桥梁坍塌的唯一原因。但是,我们仍然可以说,玛丽的欲望、信念和其他动机属于她的行动的原因。

采取这条路线的哲学家坚持认为欲望、信念和其他理由是行动的原因,他们通常被称为"**行动的因果理论家**"。① 行动的因果理论家同意行动者因果论者的观点,即行动具有一个行动者因果结构:他们同意行动就是行动者引起或导致某事发生。但是,与行动者因果论者相反,行动的因果理论家认为,行动的行动者因果结构可以用先前的**事件**或**事态**的因果关系来解释。他们说,玛丽进入房间是由她进入房间的**意图**引起的;她的意图是由她进入房间的**选择**引起的;她进入房间的选择是由她找到钥匙的**欲望**和她关于钥匙可能在房间里的**信念**引起的。按照因果理论家的说法,为了解释行动,你并不需要在信念、需求、欲望和意图这样的心理状态和过程的因果关系之上设定任何一种额外的非事件的行动者因果关系。因果理论家认为,**选择**和其他类型的行动也都是如此:玛丽进入房间的**选择**也是由她的欲望和信念以及其他心理事件引起的,比如她的记忆和知觉,这些东西进入她的慎思之中,并通过她的慎思因果地影响她做出的选择。

你可能会猜到,行动的因果理论的许多倡导者往往是关于自由意志的相容论者,甚至是决定论者。他们认为,如果选择和行动可以由行动者的理由和其他心理状态引起,那么选择和行动也可能是由行动者的理由和其他心理状态来**决定**

---

① 行动的因果理论的倡导者包括唐纳德·戴维森和阿尔弗雷德·米利等人;Donald Davidson, *Essays on Actions and Events* (Oxford: Oxford University Press, 1980); Alfred Mele, *Autonomous Agents: From Self-Control to Autonomy* (New York: Oxford University Press, 1995)。

的。事实上,行动的因果理论经常被用来反驳意志自由论的自由意志理论,比如简单的非决定论,后者声称自由的行动或选择不是由理由引起的,因此原则上是不能被决定的。

六 因果关系与决定论

即使一个人不一定是关于自由意志的相容论者或决定论者,他也可以同意行动者因果理论家的观点,即理由可以是行动的原因。因为事实是,并非所有原因都需要是**决定性**原因。有些原因只是或然性的,它们使某些事件更有可能发生,而不决定这些事件会发生。理由和动机可能也是如此。自由的选择和行动可能受到行动者的理由或动机的因果影响,而不是由这些理由或动机来决定的。正如莱布尼茨所说,理由可能"使[某事]倾向于发生而不是必然发生"。迈克冲浪的欲望连同其他理由可能使他倾向于选择在夏威夷度假,而不决定那个选择或者使之变得必然;他滑雪的欲望以及其他理由可能会使他选择在科罗拉多度假,而不使那个选择变得必然。

但是,我们可能想知道,如果迈克可能选择或是去夏威夷或是去科罗拉多,而这两个选择都不是由他的理由来决定的,那么是什么"打破了平衡"。也许**这**就是一个人必须引入某种"超越"先前的理由和动机的因果关系的行动者因果关系的地

111

方。这就是另一位行动者因果论者伦道夫·克拉克所采取的路线。① 简单的非决定论者和其他行动者因果论者(例如奥康纳)论证说理由不能成为行动的原因,这个论证并未说服克拉克。克拉克认为,许多理由或动机,无论是有意识的还是无意识的,可能会对我们的行动产生因果影响,即使它们在我们的意图中没有被提及。但他仍然相信,我们需要用非事件的行动者因果关系来解释:当各自支持一个选择的两套理由都不能起决定作用时,究竟是什么打破了这两套理由之间的平衡?迈克自己(作为**行动者**)必须设法以某种方式引起去夏威夷(或者去科罗拉多)的选择,而这种方式不能完全用他先前的理由或慎思来解释,或者不能用任何的先前事件来解释。

但是,既然迈克的理由和动机本来可能使他倾向于其中任何一个方向,那么诉诸行动者因果关系如何解释,他以一种方式**而不是**另一种方式打破平衡为什么不是任意的或随机的呢?克拉克承认,在这一点上引入非事件的行动者因果关系,并不能回答关于意志自由论的自由能动性的这种任意性的困惑。但他争辩说,引入行动者因果关系至少解释了这样一个事实:与一套理由只是完全偶然地"战胜"了另一套理由的情况相反,迈克作为行动者**控制**并**产生**了最终做出的选择。然而,像沃森这样的行动者因果关系的批评者回应说,在这一点

---

① Randolph Clarke, *Libertarian Accounts of Free Will* (Oxford: Oxford University Press, 2003).

上设定行动者因果关系似乎并未解释行动者**如何**控制或产生一个选择而不是另一个选择。① 行动者因果论者认为行动者控制或产生一个结果而不是另一个结果,但他们并没有真正地解释行动者是**如何**做到这一点的——当然,除了用一种随机的或任意的方式。这一批评让人想起前一章提到的沃森的异议:行动者因果关系只是"给意志自由论者所需要的东西贴上标签",而不是解释了这种东西。克拉克可能会回应说,尽管如此,行动者因果关系确实正确地表达了意志自由论者所需的东西,也就是说,那种打破平衡的东西。

吉内特和奥康纳对克拉克的行动者因果观点提出了一个异议。他们认为,如果意志自由论者像克拉克那样承认,欲望、信念和其他理由可以是行动的原因(甚至是非决定论原因),那么意志自由论者就有可能使一种特殊的非事件的行动者因果关系变得多余。吉内特问道:在克拉克的理论中,行动者原因是否提供了某种额外的"魔力"(oomph),即理由以及其他精神事件和物理事件并未提供的那种打破平衡的额外力量?② 克拉克承认这不可能是行动者因果关系所补充的东西。我们不能把非事件的行动者因果关系看作某种打破平衡的额外**力量**,不管它是物理的还是精神的。用这种机械的"推/拉"

---

① Gary Watson (ed.), *Free Will* (Oxford: Oxford University Press, 1982).
② Ginet, in Robert Kane (ed.), *The Oxford Handbook of Free Will* (Oxford: Oxford University Press, 2002), p. 398.

措辞来解释行动者因果关系,是要将它还原为另一种事件因果关系,而它事实上不是。

但是,吉内特说,如果我们允许理由可能是自由行动的非决定论原因或者或然性原因,那么这似乎就是我们所拥有的图景。因为,这样一来,理由就会提供**某种**让我们倾向于做出某个选择,但又不足以做出它的力量。那种额外的力量或"魔力"将不得不由行动者来提供。然而,吉内特论证说,如果行动者因果关系不只是另一种形式的力量和事件的因果关系,那么那个图景就不可能是正确的。奥康纳也提出了类似批评。他说,一种不能还原为事件因果关系的行动者因果关系不能"被纳入一种完整的事件因果关系链中,或者被置于这种因果关系链之上",其中包括(就像克拉克所暗示的那样)理由所导致的因果关系。"一旦我们承认自由意志涉及一种不被决定的直接控制",即非事件的行动者因果关系所要求的那种控制,"我们就必须拒斥这样一个说法:将自然简单地描绘为连续的事件流的做法是完备的"。①

但是,克拉克回应说,对行动者因果关系的这种看法要求行动者因果关系(以及因此,自由意志)必须"中断"或"打断"自然中的事件的普通模式,也许它会在某个方面违背自然法则。这将使行动者因果关系(以及意志自由论的自由意志)变

---

① O'Connor, *Persons and Causes*, pp. 85-95.

得神秘,或者变成某种类似于奇迹的东西。奥康纳等人所建议的一种可能的回答是,非事件的行动者因果关系是生物体在自然界中**突现**出来的一种特殊能力,但不再可以被还原为对自然的一种自然的描绘,即自然就是事件流。① 然而,这一建议需要进一步发展,以解释这样一种突现能力(如果有的话)如何不会"中断"自然中事件的普通模式,或者为什么不会违背自然法则。也许,为了最终理解行动者因果关系,人们最终可能不得不回归到心灵和身体的二元论图景,在这种图景中,心灵设法处于事件的自然秩序之外,但能够干预物理世界以"打破平衡"。克拉克和奥康纳都希望避免这种心身二元论,他们也不想宣称自由意志必定违背自然法则。但他们之间的争论让一些哲学家感到疑惑:用行动者因果论来理解自由意志是否有可能要求一种二元论的心灵观?②

七 慎思与因果非决定论

我想在本章中考虑的最后一种意志自由论理论采取了一条非常不同的进路来解释自由意志主义的自由选择。这种观

---

① O'Connor, 2000; William Hasker, *The Emergent Self* (Ithaca, NY: Cornell University Press, 1999).
② 下面这篇文章的作者提出了有趣的论证来表明可能是这样:Jan Cover and John O'Leary-Hawthorne, "Free Agency and Materialism", in D. Howard-Snyder and J. Jordan (eds.), *Faith, Freedom and Rationality* (Lanham, MD: Rowman & Littlefield, 1996)。

点既拒斥了简单的非决定论,又拒斥了行动者因果关系。它转而关注的是慎思的过程。例如,当我们慎思去哪里度假或加入哪家律师事务所时,许多不同的想法、印象、感觉、记忆、想象的场景和其他考虑会在我们的心灵中闪现。慎思可能是一个相当复杂的过程。当迈克想到夏威夷时,他想象自己在冲浪,在阳光明媚的海滩上散步,在他最喜欢的夏威夷餐馆吃饭;这些不同的想法使他选择了夏威夷。但他也会想到滑雪,在斜坡上度过漫长的一天后坐在壁炉旁,拜访他在科罗拉多认识的朋友;他倾向于科罗拉多。他反复考虑,直到一段时间后,一方的考虑超过了另一方,他最终选择了一个选项。(当然,除非他是那种觉得自己很难下定决心的优柔寡断的人。)

在这种慎思的过程中(有时可能需要几个小时或几天,而且可能会被日常活动打断),新的想法、记忆或印象可能会经常出现在心灵中,影响我们的慎思。迈克可能会突然想起他上次去檀香山时去过的一家热闹的夜总会——很棒的音乐,很棒的女孩;回到那个地方的想法给了他一个偏爱夏威夷的额外理由,一个以前没有进入他的慎思的理由。他心灵中闪现的其他印象可能会让他反对去夏威夷。在想象自己整天都在海滩上时,他突然想起了医生的警告:若想避免皮肤癌,就不要过度晒太阳。

现在我们可以想象,在我们的慎思过程中出现的这些不同的想法、记忆和想象的场景中,有一些是未被决定的,是偶然出现的,而在这些"偶然挑选出来的考虑"中,有一些可能会对我们如何做出决定产生影响。如果这种情况发生在迈克身上,那么他的慎思过程,以及他的选择,将是未被决定的和不可预测的。一个拉普拉斯妖不可能提前知道迈克会走哪条路,即使它在迈克慎思之前就知道了所有关于宇宙的事实,因为这些事实并不会决定结果。然而,从某种意义上说,迈克仍然可以控制自己的选择。他可能无法控制偶然出现在心灵中的所有想法和想象的场景。但是,一旦这些想法和想象出现,他就能控制自己对它们的反应。如果他想到的所有考虑(其中一些是偶然的)的分量都偏向夏威夷,那么他最终选择夏威夷将是完全理性的,而不是任意的。这样,选择就可以得到控制而且是理性的,虽然导致选择的慎思涉及非决定论。

  这样一种观点被称为"**因果非决定论**"或者"**事件因果意志自由论**",因为它允许我们的想法、印象、记忆、信念、欲望和其他理由可能是我们的选择或行动的原因,但又不必然决定选择和行动;然而,这种观点也没有设定任何一种额外的行动者因果关系。丹尼尔·丹尼特和阿尔弗雷德·米利这两位哲学家暗示了这种因果非决定论观点(尽管他们并不赞同这种观点),他们认为,这种观点至少会给意志自由论者提供一些他们所要求的关于自由意志的重要内容。[①] 例如,这种观点提

---

① 参见本章末尾的建议阅读材料。

供了一个"开放的未来",就像我们在行使自由意志时所认为的那样。我们将不会认为我们的选择和未来生活的方向在我们出生前很久就已经以某种方式被决定了。如果偶然的考虑有可能会进入我们的慎思,那么行为工程师就不可能像在《瓦尔登湖第二》中那样完全控制我们的行为,或者不可能像拉普拉斯妖那样知道我们要做什么。

然而,就像丹尼特和米利也承认的那样,这种慎思性的因果非决定论观点并没有向我们提供意志自由论者想从自由意志中得到的一切。因为迈克并未完全控制什么偶然的印象和其他想法进入他的心灵中或者影响他的慎思。这些东西只是随意地来来往往。在偶然的考虑发生后,迈克**确实**有某种控制力。但是,这样一来,就没有更多的偶然性会被涉及了。从那时起会发生什么,他如何反应,都是由他已经拥有的欲望和信念来**决定的**。因此,在意志自由论的意义上,他似乎无法控制在偶然的考虑出现后发生的事情。**意志自由论者**认为完全的责任和自由意志要求比这更多的东西。对他们来说,为了具有自由意志,行动者必须能够控制哪些偶然事件会发生,而不只是在事件发生后以一种被决定的方式对它们做出反应。

然而,正如米利所指出的,虽然这种因果非决定论观点并没有向我们提供意志自由论者想要的所有控制和责任,但它确实给了我们许多他们对自由意志所渴望的东西(一个开放的未来、打破因果秩序,等等)。这显然是一种可能的观点。

也许它可以进一步得到发展,从而给予我们更多的东西;或许这就是意志自由论者所能期望的。

建议阅读材料

吉内特在如下论著中发展了简单的非决定论观点:Carl Ginet, *On Action* (Cambridge, 1990)。其他的非因果论观点参见 Hugh McCann, *The Works of Agency: On Human Action, Will and Freedom*, Cornell, 1998); Stewart C. Goetz, "A Non-causal Theory of Agency", *Philosophy and Phenomenological Research* 49 (1988): 303-316。关于奥康纳的行动者因果观点,见 Timothy O'Connor, *Persons and Causes: The Metaphysics of Free Will* (Oxford, 2000)。关于克拉克的行动者因果观点,见 Randolph Clarke, *Libertarian Accounts of Free Will* (Oxford, 2003)。丹尼特和米利在如下论著中提出了最后一节所描述的非决定论观点:Daniel Dennett, "On Giving Libertarians What They Say They Want" (in Brainstorms, MIT, 1978); Alfred Mele, *Autonomous Agents: From Self-Control to Autonomy* (Oxford, 1995)。如下著作捍卫了这种因果非决定论观点的另一个变种:Laura Waddell Ekstrom, *Free Will: A Philosophical Study* (Westview, 2000)。如下文集收录了支持和反对本章所讨论的各种意志自由论观点的文章:Timothy O'Connor (ed.), *Agents, Causes, and Events:*

Essays on Free Will and Indeterminism (Oxford, 1995)。有两种其他的意志自由论理论并不明确地符合本章对这种理论的划分:James S. Felt, *Making Sense of Your Freedom* (Cornell, 1994) 以及 T. L. Pink, *Free Will: A Short Introduction* (Oxford, 2004)。关于另外一些意志自由论观点,参见第十二章结尾的建议阅读材料。

第七章 自由意志是可能的吗？强硬决定论者与其他怀疑论者 [67]

一 俄克拉何马市和哥伦拜恩

1995年4月15日,一个名叫蒂莫西·麦克维的年轻人把一辆装满炸药的卡车停在俄克拉何马州俄克拉何马市一座联邦办公大楼外。卡车爆炸,掀翻了大楼的正面,造成130多人死亡,多人受伤,其中包括办公室工作人员、来访市民以及地下室日托中心里联邦雇员的年幼孩子。他为什么要这么做？

蒂莫西·麦克维在中西部一个小镇上接受了相当普通的美国教育。高中毕业后他参军了,由于非常喜欢军队生活,他申请加入精英特种部队。然后事情开始变得糟糕。他被这个久负盛名的单位拒绝了,也许是因为人们怀疑他精神状况不稳定。这次拒绝对一个敏感的年轻人来说是一次痛苦的失望,麦克维最终带着沮丧和怨恨离开了军队。在离开军队后,他与反政府民兵联系,并阅读了一些虚构作品,其中描述了轰炸联邦大楼所引发的反对美国政府的起义。这些经历进一步加剧了他的怨恨,由此开始了恶性循环,导致了据称是他策划和实施的俄克拉何马市艾尔弗雷德·默拉联邦大楼爆炸案。

这些都是表面事实。它们忽略了麦克维得到他人帮助这一事实,尽管一个更大的阴谋从未得到证实。但几乎没有人怀疑他本人也参与其中。表面事实也不能告诉我们麦克维心中究竟在想什么,是什么恶魔在纠缠着他。这些事实并未告诉我们他早期的童年经历,或者其他可能导致他思考并犯下如此可怕的罪行的因素。当大多数人在类似情形中思考自由意志时,当他们想知道麦克维是否对他被判有罪的行为负责时,他们往往会有如下想法:他因为被特种部队拒之门外而感到失望和怨恨,这是可理解的。但许多其他年轻人也被拒绝了,他们并没有成为大屠杀的凶手。

其他人也对政府心怀怨恨,但很少有人加入民兵组织,而且大多数加入民兵组织的人实际上并没有犯下暴力罪行,更不用说谋杀了。不,据说麦克维的所作所为是出于他自己的自由意志。在同样的情况下,具有同样经历的其他人不一定会做出他所做的事情。我们在生活中都有艰难时刻,但我们可以自由地选择是要成为最好的还是最坏的。确实有道德上

第七章　自由意志是可能的吗？强硬决定论者与其他怀疑论者

的恶这样的东西；像麦克维这样的人要为选择恶而不是善负责。在对麦克维的审判中，陪审团显然就是以这种方式推理的。麦克维被判处死刑，并于2001年执行。

人们对1999年4月20日发生在科罗拉多州哥伦拜恩高中的可怕大屠杀也有类似的推理。两名年轻人埃里克·哈里斯和迪伦·克莱伯德携带大量武器进入学校，杀死了12名同学和1名老师，打伤了许多人，然后开枪自杀。就像麦克维一样，哈里斯和克莱伯德也心怀怨恨——在他们的情形中，他们经常被同学嘲笑，被大多数同龄人视为局外人。好吧，有人可能会说，许多青少年在高中时就是被这样对待的，但并没有变成大屠杀的凶手。

哈里斯和克莱伯德也深受暴力电影和电子游戏的影响。当时，媒体和电视上有很多关于媒体暴力和暴力电子游戏对年轻人的影响的公开辩论。不过，也有人说，今天大多数年轻人都受到媒体暴力的影响，从小就玩这些游戏，但他们并没有像哈里斯和克莱伯德那样成为杀手。哈里斯和克莱伯德也痴迷于名人，想出人头地。对名人的痴迷是现代社会年轻人（和老年人）中另一个令人不安的趋势，但大多数人并没有为此而杀人。不，据说这些年轻人是邪恶的，他们也是出于自己的自由意志而选择。要是哈里斯和克莱伯德没有自杀，不难想象陪审团会以上述方式进行推理，也许会判处他们死刑。

但是，还有另一种思考这些著名案例的方式，一种为**强硬**

决定论者所偏爱的方式。强硬决定论者相信,如果你更深入地考察行动的心理根源和其他根源,你就会发现,我们所有人都是被决定去做我们所做的事情,无论是好事还是坏事;因此我们谁都不负有终极责任。强硬决定论者说,当人们做出如下推断时,他们犯了一个根本性错误:麦克维、哈里斯和克莱伯德必定是出于他们自己的自由意志而行动,因为在同样的情况下,具有同样经历的其他人不会做出他们所做的事情。之所以如此,是因为没有任何人与其他人处于完全**相同的**环境。我们都把不同的背景、历史、经历和性情带到每一个情境中;这样想就太天真了:人们之所以有自由意志,只是因为他们在**类似**情况下采取了不同的行动。如果我们对麦克维、哈里斯和克莱伯德的过去具有足够的了解,以真正地**解释**为什么他们会这样做,那么我们就会明白,任何与他们完全相像(而不仅仅是相似)的人,在这种情况下都会做出他们所做的事情。如果这不是真的,我们就无法真正地解释**为什么**他们做了他们所做的事情**而不是**其他事情。

二 强硬决定论

这就是强硬决定论的观点,即关于自由意志的第三种传统立场。在第四章的开头我指出,那些相信自由意志与决定论不相容的人可能会采取两种相反立场中的任何一种。他们

第七章 自由意志是可能的吗？强硬决定论者与其他怀疑论者

可能会像意志自由论者那样否定决定论、肯定自由意志。或者他们可以肯定决定论而否认自由意志，而这就是强硬决定论者所做的。强硬决定论也可以与"温和"决定论区分开来，后者在第二章末尾得到定义。强硬决定论和温和决定论都相信决定论。但是，温和决定论者是相容论者，他们坚持认为决定论不会破坏任何值得拥有的自由意志，而强硬决定论者则是不相容论者，他们采取了一条"更强硬"的路线：既然决定论是真的，那么在真正的责任、应受责备、应得的功绩和成绩所要求的真正意义上，自由意志并不存在。这些传统立场可以在图7.1中得到很好的总结，这张图使我们回到第四章对不相容论之山的描绘。

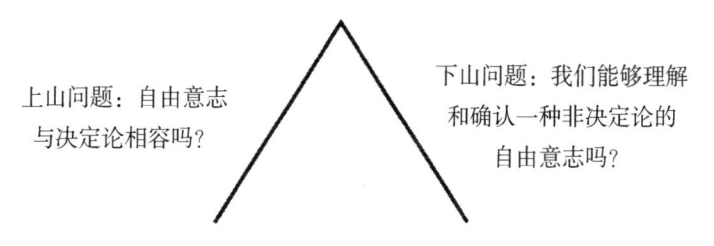

上山问题：自由意志与决定论相容吗？　　下山问题：我们能够理解和确认一种非决定论的自由意志吗？

图7.1 不相容论之山与意志自由论困境

相容论者和**温和决定论者**说，你无法登上不相容论之山，因为你无法表明自由意志和决定论是不相容的。温和决定论者补充说，你也无法下山，你无法表明一种非决定论的自由意志存在，因为决定论是真的。（大多数其他相容论者也认为，你无法从不相容论之山上下来，因为他们并不认为一种非决

125

定论的自由意志是有意义的。)

相比之下,**意志自由论者**和**强硬决定论者**说,你可以爬上不相容论之山——可以表明自由意志和决定论是不相容的。但是,与意志自由论者相比,强硬决定论者认为,你不能退缩,因为决定论是真的。不相容论之山上很冷。在大多数人看来,强硬决定论是一种冷酷的观点,因为它要求我们在没有自由意志的情况下生活。

毫不奇怪,很少有思想家愿意无条件地信奉这种强硬决定论立场,因为它似乎要求我们在思考人际关系和态度的方式,以及如何对待罪犯和评估犯罪行为等方面做出重大改变。这还没有阻止强硬决定论得到一些思想家的认同,比如18世纪的霍尔巴赫男爵和20世纪的保罗·爱德华兹。备受争议的美国律师克拉伦斯·达罗甚至以在法庭上捍卫强硬决定论而闻名。达罗在1925年的斯科普斯审判中声名鹊起,在这场审判中,他为田纳西州一名因讲授进化论而被解雇的高中教师辩护。但是,在其他案件中,比如同样著名的利奥波德和洛布案中,达罗认为,其当事人内森·利奥波德和理查德·洛布对他们所做的事情——纯粹为了快乐而冷血地杀害一个小男孩,并不在根本上负有责任,因为他们是为自己成长的环境所决定而做了他们所做的事。然而,很少有思想家愿意走得像达罗、霍尔巴赫或爱德华兹那样远。很少有对强硬决定论的无条件的认可。这里发挥作用的原则似乎就是维多利亚时代一位女士的原则,她第一次听到达尔文进化论时就大声惊呼道:"从猿类进化而来。让我们希望这不是真的。但如果它是真的,那就让我们希望它不要广为人知吧。"

尽管如此,传统的强硬决定论立场的一个核心观念贯穿了整个20世纪,并继续在自由意志争论中发挥重要作用。为了理解强硬决定论的这个核心观念,首先要注意传统的强硬决定论是由三个论点来定义的:第一,自由意志与决定论是不相容的;第二,自由意志不存在;之所以如此,是因为,第三,决定论是真的。持有强硬决定论的核心观念的现代思想家接受第一个论点和第二个论点,但他们并不承认第三个论点,即决定论是普遍为真的。这些现代思想家意识到了20世纪物理学的发展,因此他们不像传统的强硬决定论者那样确信决定论在自然界中普遍为真。他们宁愿把决定论是否为真的问题留给科学家去解决。然而,他们仍然确信:第一,自由意志与决定论是不相容的;第二,(那种不相容论或意志自由论的)自由意志并不存在。

第一个论点和第二个论点就是传统的强硬决定论的核心观念。这个核心观念的有趣之处在于,它等于**拒斥了相容论和意志自由论**。因为接受第一个论点的任何人都**反对相容论者**,即认为自由意志与决定论不相容;接受第二个论点的任何人都**反对意志自由论者**,即认为那种真正的意志自由论或不相容论的自由意志不存在。简而言之,持有强硬决定论的核心观念的那些人是关于自由意志的**怀疑论者**。他们既拒斥相容论又拒斥意志自由论,而这两种观点是解决自由意志问题的传统方案。其中的一位怀疑论者德克·佩里布引入了一个有用的表达式来描述那些接受第一个和第二个论点的人。他把他们称为"强硬的不相容论者"。① 他们由于第一个论点(真正的自由意志与决定论不相容)而是"不相容论者",由于第二个论点(真正的自由意志并不存在)而是"强硬的"。

强硬决定论和强硬的不相容论的怀疑论立场构成了当代自由意志争论中的"第三条轨道",即大多数人因为害怕触电而不想去碰的那条轨道。因为这两种怀疑论立场都要求人们在不相信自由意志和真正的道德责任的情况下去生活。然而,尽管这些怀疑论立场可能不受欢迎,但它们是重要的,因为它们对自由意志的其他两种主要立场即相容论和意志自由论提出了一个重大挑战。

三 盖伦·斯特劳森的基本论证:道德责任的不可能性

但是,你可能会问:既然关于自由意志的现代怀疑论者并不对决定论是否为真做出表态,那他们为什么相信意志自由论的自由意志不存在? 换句话说,如果他们对第三个论点(决

---

① Derk Pereboom, *Living Without Free Will* (Cambridge: Cambridge University Press, 2001), chapter 1.

第七章 自由意志是可能的吗？强硬决定论者与其他怀疑论者

定论是真的)持怀疑态度,那他们为什么会接受第二个论点(自由意志并不存在)？对于大多数关于自由意志的现代怀疑论者来说,答案是,他们认为,意志自由论意义上的自由意志**是不可能的,不管决定论是不是真的**。表明这种不可能性的被讨论得最多的怀疑论论证是盖伦·斯特劳森的论证,他称之为"基本论证"。① 斯特劳森的"基本论证"背后的思想是一种古老的思想:真正地拥有那种意志自由论的自由意志要求一个人成为一个自因(*causa sui*)——一个人自己的原因。但是,至少对我们人类来说,成为一个自因是不可能的。斯特劳森用如下论证来支持这一观点:

(1)你是因为你的样子(你的本性或品格)而做你所做的事情。

(2)为了真正地对你所做的事情负责,你就必须对你的样子(对你的本性或品格)负责。

(3)但是,为了真正地对你的样子负责,你必须在过去做过一些至少在某种程度上为了让你自己成为现在的样子、你也要负责的事情。

(4)但是,如果你真正地对在过去为了让你自己成为现在的样子、你所做的事情负责,那么你必须已经对你早期所成为的样子负责(对你的本性或品格负责)。

---

① Galen Strawson, *Freedom and Belief* (Oxford: Oxford University Press, 1986).

（5）但是，为了对你早期所成为的样子负责，你必须在另一个更早的时候做一些为了让你自己成为早期的样子、你所要负责的事情，由此不断后退。

斯特劳森总结说，"这里有一种从某处开始的倒退"，而对人类来说，这种倒退不可能永远倒退下去。最终，你回到了童年早期，而那时你最初的本性根本就不是由你形成的，它是你的遗传基因、早期教养以及你无法控制的其他因素的产物。斯特劳森接着补充说："不管决定论是不是真的，这个论证都会进行到底……即使作为自因的属性被认为（完全难以理解地）属于上帝，它也不可能被合理地认为是普通人所拥有的。"①

斯特劳森随后赞许地引用了弗里德里希·尼采的说法：

> 自因是迄今为止所设想的最好的自相矛盾；它是对逻辑的一种强奸和曲解。但是人的过分骄傲使自己……用这些废话陷入了困境。在最高的形而上学意义上对"自由意志"的欲望仍然不幸地在一知半解的人心中占据统治地位——那种为自己的行动承担全部的和终极的责任以及赦免上帝、世界、祖先、偶然性和社会的欲望。这种欲望所涉及的不过就是这种自因，而且是以比孟乔森

---

① G. Strawson, "The Bounds of Freedom", in Robert Kane (ed.), *The Oxford Handbook of Free Will* (Oxford: Oxford University Press, 2002), pp. 441-460; quotation, p. 444.

第七章 自由意志是可能的吗？强硬决定论者与其他怀疑论者

男爵还要大胆的方式,后者声称他可以抓住自己的头发,将自己从虚无的泥潭中拉上来,开始存在。①

孟乔森男爵就是那个臭名昭著的讲虚夸故事的人,他声称他曾抓住自己的头发将自己从沟里拉出来。不用说,尼采是另一个关于自由意志的现代怀疑论者,他和斯特劳森一样,都相信意志自由论者所设想的那种终极的、真正的自由意志是一种幻觉。尼采认为我们应该学会接受我们的命运,甚至学会热爱我们的命运,在没有自由意志幻觉的情况下继续生活。

斯特劳森的基本论证令人信服吗？该论证的第一个前提似乎是可靠的:"你是因为你的样子(你的本性或品格)而做你所做的事情。"正如休谟所指出的,如果我们的行动完全是偶然地或随机地发生的,如果它们不是出于我们的品格和动机,那么它们就不能作为"我们的"行动而被归于我们。第二个前提又如何呢？是否为了真正地对你所做的事情负责,你就必须对你的样子(对你的本性或品格)负责？联系这个前提来想想麦克维、哈里斯和克莱伯德。如果说我们要他们为自己的可怕行为负责,那是因为我们认为他们至少在一定程度上要对他们成为会犯下这种罪行的那种人负责。但是,这是第二个前提所要求的——麦克维、哈里斯和克莱伯德至少要在一

---

① 转引自 Strawson, "The Bounds of Freedom", p. 444。

定程度上对成为可能犯下这种罪行的人负责。为了让他们最终承担责任，我们就不能认为他们**完全**是由他们无法控制的心理因素和社会因素塑造的。

第三个前提似乎也是可靠的：如果麦克维、哈里斯和克莱伯德至少在一定程度上对他们现在的样子负责，那一定是因为他们在过去**做了**他们为了使自己成为他们所成为的那种人、他们要负责的事情（他们执行的一些行动或者他们做出的选择）。但是，如果第二个和第三个前提都是可靠的，那么似乎就会得出第四步和第五步。因为这两个步骤只是简单地将第二个和第三个前提重新应用于过去的行动，而正是通过这些行动，行动者使自己成为现在的样子。如果行动者要对那些过去的行动负责，他们也必须对导致那些过去的行动的品格和动机负责。

有没有办法从这些看似合理的前提中避免斯特劳森的结论呢？诚然，正如他的论证所宣称的那样，我们不能成为我们"最初的"品格和动机的创造者——在我们做出任何自由选择之前，我们在童年时期就开始具有的品格和动机。但是，随着年龄的增长，我们是否无力**改变**我们在童年时期开始具有的最初品格呢？相容论者和意志自由论者都以如下说法来回应斯特劳森的论证这样的怀疑论论证：虽然我们不是自己的最初品格的创造者，但随着我们变得成熟，我们确实可以自由地改变我们的本性和品格。

这似乎是一个常识。但是,斯特劳森回答说,相容论者和意志自由论者都没有以一种说明了真正的责任的方式来充分表明我们**如何**能够改变自己的品格。他论证说,如果我们后来在生活中改变自己的**方式**是由**我们已经是**什么样的人来**决定的**,就像相容论者所承认的那样,那么这种改变就不会发展为真正的责任。但是,如果我们后来在生活中改变自己的方式是**没有被决定的**,正如意志自由论者所要求的那样,那就完全是运气或机遇,而这也不是真正的责任。换句话说,斯特劳森接受了我们在第三章和第四章中所考虑的对相容论和意志自由论的异议。为了回应斯特劳森的基本论证,相容论者或意志自由论者必须成功地回答那两章中反对他们观点的异议;而且,在这样做时,他们必须表明他们的观点中的某个观点能够说明真正的责任。

四 没有自由意志的生活:罪与罚

在后续章节中,我们将转向相容论者和意志自由论者的尝试,即说明真正的责任,从而回应斯特劳森的挑战。但是,为了便于论证,假设反对自由意志的怀疑论论证(例如斯特劳森的论证)不能得到回应。我们能够在没有自由意志幻觉的情况下生活吗,就像尼采认为我们必须如此生活的那样?关于自由意志的怀疑论者已经提出了这个问题,他们当中的许多人认为,在没有自由意志幻觉的情况下生活不会产生自由意志的支持者所宣称的可怕后果。一些对自由意志持怀疑态度的人甚至走得更远,就像尼采那样断言,放弃自由意志幻觉实际上会带来一种更积极、更健康、更诚实的生活方式。

泰德·杭德里克就是这样一个怀疑论者,他谈到了在没有自由意志的情况下生活的后果。① 杭德里克承认,如果我们像他一样相信我们的行为是被充分地决定的,因此我们缺乏自由意志,那么我们将不得不放弃一些重要的"生活希望",但不是所有的生活希望。例如,我们不能再相信我们的成功和成就真的在如下意义上"取决于我们",即我们是自己的行动的最终"发起者"。我们也不能相信我们最终要为我们引以为傲的品质负责——我们是不辞辛劳的、勤奋的、忠诚的、成功的等等。就我们有这样的品质而论,我们将不得不承认,我们只是幸运地具有我们的遗传基因和成长环境。

但是,杭德里克说,大多数日常的生活希望仍然存在。想要成为一名成功的演员、舞蹈家或作家,想要创业,想要找到真爱,想要生儿育女,想要得到别人的赏识——这些赋予生活以意义的希望不会因为相信我们不是自己品格的"起始"原因而受到破坏。这些日常的生活希望只要求,如果我们做出适当的自愿努力,很有可能就没有什么会阻止我们实现自己所

---

① Ted Honderich, *How Free Are You?* (Oxford: Oxford University Press, 1993).

第七章 自由意志是可能的吗? 强硬决定论者与其他怀疑论者

珍视的目标。即使我们的行为是被决定的,我们也无法事先知道事情注定会如何发展。因此,我们必须继续努力实现我们的生活希望和梦想,就像我们相信我们有不相容论意义上的自由意志那样,尽管我们事实上并没有这种自由意志。

杭德里克的怀疑论观点如何不同于相容论呢?杭德里克说,相容论者试图说服我们:如果决定论是真的,那么在自由和责任的道路上就不会失去任何重要的东西。但是,杭德里克认为这是错误的。生活的希望依赖于相信我们是自己的品格和行动的未被决定的创造者,这对我们的自我形象来说是重要的。当我们采取强硬决定论或者强硬的不相容论立场时,我们事实上就放弃了一些重要的东西。我们应该在这一点上诚实,而不是欺骗自己。但他认为,仍有足够的生活希望,让我们继续以有意义的方式生活。

如果我们对自由意志采取这种怀疑论立场,我们该如何处理犯罪行为呢?按照杭德里克的说法,我们将不得不放弃惩罚的**报应**理论。按照报应理论,对犯罪行为的惩罚是正确的,因为那是**罪有应得**。罪犯做了错事,必须受到同样的伤害来补偿对受害者造成的伤害。"以牙还牙"是报应论的格言。但是,如果人们缺乏自由意志,他们就不会因为其行动而最终应受责备,因此惩罚就不会是真正应得的。因此,如果强硬决定论或强硬的不相容论是真的,那么惩罚的报应理论就必须被放弃。

135

但是，杭德里克坚持认为，放弃报应理论并不意味着我们必须停止惩罚罪犯。即使自由意志被拒斥了，其他对惩罚的辩护仍然有效。在这些备选辩护中，最常见的就是**威慑**。我们惩罚罪犯也是为了阻止他们再犯罪，更重要的是，我们惩罚他们是为了阻止其他人再犯类似的罪行。惩罚的另一个动机是**改造**罪犯或者让他们**恢复正常生活**，使他们出狱后成为能够对社会做出贡献的成员。杭德里克坚持认为，即使我们拒斥了自由意志，惩罚的动机——威慑和改造仍然是合法的。因此，我们不必担心，如果每个人都开始相信人们缺乏自由意志，那么我们的监狱就会被清空。事实上，杭德里克认为，如果我们放弃了对自由意志的信念，我们会更加强调通过威慑和改造来预防犯罪，而不是惩罚和报复——社会将因此而变得更好。

另一位对自由意志持怀疑态度的人德克·佩里布将杭德里克关于刑事惩罚的论证推进了一步。在一本被贴切地称为《没有自由意志的生活》的书中，佩里布引入隔离类比为刑事处罚辩护：

> 费迪南·斯库曼认为，如果为了保护社会，我们有权隔离严重传染病携带者，那么我们也有权为了保护社会而隔离危险的犯罪分子……无论携带者对疾病有没有道德责任，这都是真的。如果一个孩子是埃博拉病毒携带

者,因为病毒是在她出生时从父母那里传给她的,那么隔离在直观上还是合法的。

此外,如果我们有权"隔离"罪犯,那么我们就有权提前告诉人们,如果他们犯罪,他们就会在社会上被隔离……这种宣传本身就具有强大的威慑作用。①

佩里布引证的隔离模式有一个优点:惩罚不会超过保护社会和阻止未来犯罪所需的程度,就像对病人的隔离不应该超过保护社会免受疾病侵害所需的程度一样。但是,隔离模式的一个困难在于,它可能允许我们监禁那些没有犯罪但被认为对社会有危害的人。

在回应这个异议时,斯库曼论证说,预测谁会在未来犯罪比确定谁患有危险的传染病要困难得多。尽管通常情况可能是这样,但情况总是如此吗?外面有一些非常坏的、潜在地有威胁的人。(想想关于如何对待那些刑满出狱后的猥亵儿童的人的争论吧。)报应主义者会回答说,如果我们不关注**谁应受**惩罚,而只关注什么样的惩罚能阻止犯罪或保护社会,那么惩罚的实施必然是不公平的。如果把重点完全放在威慑和保护上,而不是放在报复上,就必然会出现不公正。佩里布回答说,隔离模式在大多数情况下都行之有效。如果我们拒斥了

---

① Pereboom, *Living Without Free Will*, p. 174.

自由意志,那么我们将不得不忍受隔离模式可能不公平的少数情况。毕竟,那些因为生病而被隔离的人通常也是无辜的。此外,如果我们高度重视自由,我们将不愿意只是因为这个原因而监禁那些实际上没有犯罪的人。

五 个人关系:爱、钦佩等等

拒斥自由意志会如何影响我们的个人关系呢?如果你相信一个人对你的爱是由遗传和环境决定的,那么这个人对你的爱的价值会缩水吗?许多人之所以这样认为,是因为正如佩里布所说:"有人可能会争辩说,我们非常希望被别人爱,而这是他们的自由意志的结果——我们想要自己自由地决定的爱。"但是,他补充说:"与此相反,父母对孩子的爱通常是不依赖于父母的意愿而产生的,我们并不认为这种爱有缺陷。"①此外,当我们浪漫地坠入爱河时,这很少是由我们自由决定的。然而,我们并没有出于这个缘故就觉得浪漫的爱情不那么令人满意。但是,难道就没有一种我们从爱人、配偶、朋友甚至父母那里渴求的成熟的爱吗?即使在我们长大后,我们了解到不受对方控制的因素决定了他们爱我们,因此他们的爱是有缺陷的。我曾经对佩里布的立场提出过这样的异议,他的

---

① Pereboom, "Living Without Free Will: The Case for Hard Compatibilism", in Kane (ed.), *The Oxford Handbook of Free Will*, pp. 477–488; quotation, p. 486.

第七章 自由意志是可能的吗？强硬决定论者与其他怀疑论者

回答如下：

> 如果我们确实渴望这种爱，那么只要强硬的不相容论是真的，我们就是在渴望一种不可能的爱。尽管如此，那种不会为强硬的不相容论所伤害的爱，对于良好的关系来说肯定是足够的。如果我们渴望父母典型地具有的那种对孩子的爱，或者浪漫的恋人在理想情况下具有的那种爱……或者朋友间所分享的那种爱……他们的关系通过他们的互动而加深，那么在个人关系中获得满足的可能性就远远不会[被强硬的不相容论]破坏。[1]

类似问题也出现在除爱之外的其他态度上。如果我们不认为人们对慷慨行为或英勇行为负有终极责任，我们还会因为这种行为而钦佩他们吗？我们还能对他们心存感激吗？如果他们以背叛或欺骗来对待我们，我们会怨恨或责备他们吗？佩里布说，如果我们接受了强硬决定论或强硬的不相容论，那么我们就不得不放弃其中一些反应态度（例如责备和内疚）。但是，我们无须完全放弃此类其他重要的态度。我们可以继续相信某些行为（比如慷慨和英雄主义）是令人钦佩的，而另一些行为则是可鄙的，即使我们不相信个人负有终极责任。

---

[1] Pereboom, "Living Without Free Will", p. 487.

例如,按照佩里布的说法,感恩"通常涉及由他人的善行所引起的喜悦。但是,当别人为你考虑周到、慷慨大方时,强硬的不相容论就完全与感到快乐和表达快乐相和谐"①。

六　幻觉与自由意志

因此,杭德里克和佩里布相信,我们可以在没有自由意志幻觉的情况下过有意义的生活,尽管我们也不得不改变一些重要的希望和态度。但是,另一位对自由意志持怀疑态度的人不是如此确信我们在不相信自由意志的情况下能够有意义地生活。索尔·斯米兰斯基同意杭德里克和佩里布的观点,即自由意志和决定论是不相容的,意志自由论的自由意志并不存在。也就是说,他也持有第二节提到的第一个论点和第二个论点——强硬决定论的核心观念。但是,斯米兰斯基认为,对于在不相信这种自由意志的情况下生活的可能性,杭德里克和佩里布过于乐观了。因此,在《自由意志与幻觉》一书中,斯米兰斯基提出了一个有挑衅性的建议,即尽管我们在更深层的不相容论的意义上没有真正的自由意志和道德责任,我们也必须在人们心中培养我们所具有的那个幻觉。② 他说:

---

① Pereboom, "Living Without Free Will", p. 485.
② Saul Smilansky, *Free Will and Illusion* (Oxford: Oxford University Press, Clarendon Press, 2000).

第七章 自由意志是可能的吗？强硬决定论者与其他怀疑论者

> 坦率地说：人们通常不应该完全意识到其所作所为在根本上是不可避免的，因为这会影响他们让自己负责的方式……我们经常希望一个人责备自己、感到内疚，甚至感到自己应受惩罚。如果这样的人内化了那种根本的强硬决定论的观点，而按照这种观点……严格地说，除了他实际上所做的事情，他不可能做任何其他事情，那么他就不可能做到这一切了。①

斯米兰斯基想知道，如果大多数人开始相信他们不对自己的行为真正地负责，我们所了解的社会是否还能幸存下去。有些人在对待他人时可能会变得更加人道、更加慷慨，因为他们知道没有谁能够在根本上负责。但是，斯米兰斯基暗示说，大多数人可能只是变得更自私，不再觉得自己受到了道德要求的约束。这样一来，文明社会的稳定就会受到威胁。只有武力和对惩罚的恐惧才能阻止人们违法。正如美国开国元勋之一詹姆斯·麦迪逊在《联邦党人文集》第十篇中所说，如果社会没有伦理基础，单靠法律是无法保护我们的。斯米兰斯基还论证说，接受强硬决定论或强硬的不相容论的观点将"极大地损害我们对自己的看法，损害我们对值得拥有自己的成

---

① Smilansky, "Free Will, Fundamental Dualism and the Centrality of Illusion", in Kane (ed.), *The Oxford Handbook of Free Will*, pp. 489–505; quotation, pp. 498–489.

就和自尊的感受"①。与杭德里克和佩里布的论证相反,他认为放弃某些反应态度,例如责备、内疚和怨恨,会对社会和个人生活产生可怕的影响。

在斯米兰斯基看来,所有这些都表明,我们必须培养自由意志和道德责任的幻觉。(正如那位维多利亚时代的女士对达尔文的理论所说的那样:"如果它是真的,那就让我们希望它不要广为人知吧。")斯米兰斯基的意思并不是说我们应该像电影《黑客帝国》那样,诱导大众产生虚幻的信念——在那部电影中,几乎每个人都生活在一个由计算机创造出来的虚拟世界中。他反而认为自由意志的幻觉已经存在,因为大多数人已经认为自己或是相容论者,或是意志自由论者。但是,相容论者相信,即使决定论是真的,我们也已经具有我们所需的一切自由和责任。意志自由论者相信我们还有更深层的不相容论的自由意志。按照斯米兰斯基的说法,这两种观点都是错误的。但是,他认为,这些虚幻的信念在很大程度上发挥着积极的社会作用和道德作用,我们应该将它们留在原地,而不是去破坏它们。

我将让读者来自行判断谁会赢得这场辩论。在没有自由意志和终极的道德责任的幻觉的情况下,我们是否就像杭德里克、佩里布、斯特劳森和尼采等强硬决定论者或强硬的不相

---

① Smilansky, "Free Will, Fundamental Dualism and the Centrality of Illusion", p. 482.

容论者所说的那样,能够过上有意义的生活?社会的道德基础能否完好无损地保存下来?如果不能,如果我们知道真相,我们真的能像斯米兰斯基建议的那样生活在幻觉中吗?如果《黑客帝国》里的人**发现**一切都是一场梦,那又该怎么办呢?

建议阅读材料

关于盖伦·斯特劳森反对自由意志的可理解性的基本论证,见 Galen Strawson, *Freedom and Belief* (Oxford, 1986) 以及他在 1994 年发表的论文: Galen Strawson, "The Impossibility of Moral Responsibility", reprinted in Gary Watson (ed.), *Free Will*, 2nd ed. (Oxford, 2003)。泰德·杭德里克的观点在如下论著中得到了清楚的介绍: Ted Honderich, *How Free Are You?* (Oxford, 1993)。德克·佩里布的强硬的不相容论观点在如下论著中得到发展: Derk Pereboom, *Living Without Free Will* (Cambridge, 2001)。斯米兰斯基的幻觉论观点在如下论著中得到发展: Saul Smilansky, *Free Will and Illusion* (Oxford, 2000)。

第八章　道德责任与可供取舍的可能性

一　可供取舍的可能性原则

第七章阐明了道德责任的概念对于自由意志争论来说有多重要。实际上,许多哲学家将自由意志定义为为了赋予行动者真正的道德责任而必需的那种自由(不管它是什么)——使行动者因为其行动而真正地应受责备或值得赞扬、应该得到惩罚或奖励的那种责任。以这种方式定义自由意志实际上是一种将**自由意志**与其他种类的普通**自由**区分开来的有用方法。当然,哲学家和其他人对于道德责任需要什么样的自由存在分歧;因此,他们对自由意志实际上要求什么存在分歧。

例如,大多数人相信,行动者若要对自己的行动负有道德责任,就必须具有执行这些行动的能力和采取与之前不同的

第八章 道德责任与可供取舍的可能性

行为的能力。哈里·法兰克福用一个原则来表述这个假设,他把该原则称为"**可供取舍的可能性原则**":

(PAP)人们在道德上对他们已经做了的事情负责,仅当他们本来就可以采取与之前不同的行为时。

按照法兰克福的观点,可供取舍的可能性原则处于(在后果论证中体现出来的)那个日常信念的背后,即自由意志也要求采取与之前不同的行为的能力。如果**自由意志**就是道德责任所要求的那种自由,如果**道德责任**要求采取与之前不同的行为的能力,就像上述原则所说的那样,那么情况也会是:

(AP)自由意志要求有采取与之前不同的行为的能力,或者说要求可供取舍的可能性。

现在我们知道了这个可供取舍的可能性原则(AP)对后果论证有多重要。后果论证试图表明,既然决定论排除了采取与之前不同的行为的能力,它也就排除了自由意志。但是,只有当自由意志也要求有采取与之前不同的行为的能力时,也就是说,只有当一个人假设 AP 时,决定论才会排除自由意志。在第三章讨论后果论证时,我们没有质疑这个原则(AP)。我们想当然地认为自由意志要求采取与之前不同的行为的能力,我们转而关注决定论是否真的排除了采取与之前不同的行为的能力。

但是,如果 AP 是假的,如果自由意志不要求可供取舍的可能性,那么后果论证从一开始就会失败,不管决定论是否排除了采取与之前不同的行为的能力。这是法兰克福和其他"新相容论者"所持有的立场。他们否认自由意志要求可供取舍的可能性(AP);因此他们就否认决定论排除了自由意志。此外,他们之所以拒斥 AP,是因为他们相信 AP 依赖于 PAP,而 **PAP 是假的**。换句话说,这些新相容论者论证说,人们之所以倾向于相信自由意志要求可供取舍的可能性,是**因为**他们假设道德责任要求可供取舍的可能性。但是,如果道德责任不要求可供取舍的可能性,那么自由意志也不要求可供取舍的可能性。因此,认为决定论与自由意志不相容的主要理由(决定论排除了可供取舍的可能性)就被削弱了。

二 路德的例子

但是,为什么认为道德责任不要求可供取舍的可能性或者不要求采取与之前不同的行为的能力呢?为什么认为可供取舍的可能性原则(PAP)是假的?新相容论者提出了两种例子来表明 PAP 是假的。第一种的一个很好的例子是丹尼尔·丹尼特的马丁·路德的例子。16 世纪,当路德与罗马教会决裂，发起新教改革时，他提出了一句著名声明："这就是我的立场。我别无选择。"为了便于论证，丹尼特要我们假设路德在那个时刻所说的确实是真话。让我们假设，路德的经历和他的推理已经将他带到了除了在那个时刻与教会决裂，他本来就**不能**做出其他选择的地步。正如丹尼特所说："他的良心使他**不可能**悔过。"这是否意味着我们不能让路德为其行为负责？一点也不，丹尼特说："我们不能仅仅因为我们认为他不能采取与之前不同的行为而免除对他的责备或赞扬。"① 当路德说"我别无选择"时，他不是在逃避对自己行为的责任，而是在承担全部责任。事实上，这可能是他一生中最负责任的行为。

丹尼特补充了一个他个人的例子。像我们大多数人一样，他相信他永远不会为了一千美元而折磨一个无辜者。他的背景和品格使他这样做完全不成问题。然而，他没有理由认为，他拒绝使用酷刑的行为不应该被视为一个道德上负责任的行为，即使由于他的背景和品格，他本来就不能不这样做。他认为，对我们其他人来说也是如此。甚至当我们的良心或品格使我们不可能采取与之前不同的行为时，我们也可以因为自己的行动而得到赞扬或受到责备。

因此，丹尼特断定 PAP 是假的：道德责任并不要求采取与

---

① Daniel Dennett, *Elbow Room: The Varieties of Free Will Worth Wanting* (Cambridge: MIT Press, 1984), p. 133.

之前不同的行为的能力。如果自由意志就是道德责任所需的那种自由,那么 AP 也是假的:出于自己的自由意志而行动也不要求有能力采取与之前不同的行为。因此,认为自由意志和道德责任与决定论不相容的主要理由(认为二者都要求有能力采取与之前不同的行为)就被削弱了。

我们应该如何回应路德之类的例子(此类例子已经被称为"品格例子")?在我的著作《自由意志的重要性》中,我对丹尼特的路德例子做出了如下回应。我们可以赞同丹尼特,路德声明"这就是我的立场"可能是一个"出于他自己的自由意志"而做的道德上负责的行为,即使路德在发表声明的那一刻本来就不可能采取其他行动。但是,这只有在下述情况下才是真的:我们可以假设其他关于路德的行动背景的事情使他对其行动负责。如果他的行为确实源于他的现有品格,那么他对其行为的道德责任就取决于他是否因为此前的选择和行为而**对他当时成为那种人**负责。了解路德传记的人都知道,这位宗教领袖在达到那个时刻之前在生活中经历了怎样的内心挣扎和动荡。我们经常出于一个已经形成的意志而行动,但它是由于如下事实而成为"我们自己的自由意志":我们是在过去通过那些我们本来就有取舍的其他选择和行动而形成了它。若不是这样的话,**我们无论做什么都不可能使我们自己不同于我们现在的样子**——这是一个很难与如下主张相协调的结果,即我们最终要在道德上为我们所成为的样子负责,因此要为我们实际上采取行动的方式负责。

换句话说,我们可以向丹尼特做出一个让步,承认**并非所有**出于我们的自由意志而做的道德上负责的行为都必须是这样的,以至相对于**这些特定的行动**来说,我们本来就不能直接采取与之前不同的行为。我们的许多负责任的行为,就像路德的行为一样,来自我们已经形成的意志。然而,在我们一生中,有些选择或行为必须是这样的,以至我们本来就能采取与之前不同的行为,否则我们就不会对形成我们赖以行动的意志负责。我们的意志将不会是"我们自己的自由意志"。因此,如果我们从一个更广泛的角度来看待一个行动者的生活史,而不是孤立地关注像路德的行为那样的个别行为,那么我们就不会得出如下结论:自由意志和道德责任在我们生活中的**任何**时候都**完全**不需要可供取舍的可能性或者采取与之前不同的行为的能力。要证明这一点,还需要一个更有力的论证。像路德这样的例子,我们可以称之为"品格例子",其本身并不能表明这一点。①

三 法兰克福式案例

但是,许多哲学家相信还有一种例子,这种例子超越了品

---

① "品格例子" 这个说法来自如下文章:David Shatz, "Compatibilism, Values and 'Could Have Done Otherwise'", *Philosophical Topics* 16 (1988): 151-200。

格例子,确实提供了表明道德责任根本不要求采取与之前不同的行为的能力所需的更有力的论证。这种更有力的例子被称为"法兰克福式案例",以哈里·法兰克福的名字命名,他在最近的自由意志争论中引入了这种例子,以反驳 PAP(道德责任要求有能力采取与之前不同的行为这一原则)。

法兰克福式的第一个例子实际上是由 17 世纪哲学家约翰·洛克提出的。想象一下,一个人被锁在一个房间里,但不知道门是拴住的,他出不去。然而,这个人很享受房间里其他人的陪伴,他出于自己的自由意志留下来与那里的其他人交谈。看来,这个人对留在房间里负责,因为他是出于自己的意愿或自由选择而留在房间里,但是,他**事实上本来就不可能采取与之前不同的行为**。他本来就不可能离开房间,因为他被锁在里面了。因此,看来他留下来的责任并不要求他有可供取舍的可能性。

现在,我们可能会反驳说,洛克例子中的那人确实有一些他要负责的可供取舍的可能性。即使他本来就不能离开房间,但他本来就可以**选择**离开或**尝试**离开,当然,在这种情况下,他会发现自己被锁在房间里了。但是,法兰克福在这一点上开始介入。他提出了一个与洛克的例子类似的进一步的例子,但在这个例子中,行动者完全没有可供取舍的可能性,却要对自己的行为负责,因此就反驳了 PAP。假设法兰克福说:

第八章 道德责任与可供取舍的可能性

> 某人(不妨称之为"布莱克")想让琼斯执行某个行动。布莱克准备绕个圈子来达到自己的目的,但他更愿意避免不必要地揭示自己的计划。因此他一直等到琼斯自己做出决定……他不会做任何事情,除非他已经很清楚……琼斯即将去做的不是布莱克想要他去做的事情。如果琼斯即将决定去做其他事情这件事确实变得很清楚了,布莱克就会采取有效措施来确保琼斯……做他想要做的事情。①

法兰克福说,为了保证布莱克的控制力,我们可以想象他有一种药剂,他人服用这种药剂后会按照布莱克的意愿行事;或者想象他是一名神经外科医生,可以直接控制琼斯的大脑,并对琼斯的倾向了如指掌。这个例子的要点是:琼斯**不能采取与之前不同的行为**,因为布莱克不允许他这样做。但琼斯可能**自己决定**做布莱克想要他做的事情,在这种情况下,布莱克就不会干预。法兰克福的主张是,如果琼斯确实自己行动了,而布莱克没有干预,那么琼斯将对自己做的事情负责,尽管他本来就不能采取与之前不同的行为。因为如果琼斯在布莱克没有干预的情况下确实自己行动了,那么琼斯本来就会

---

① Harry Frankfurt, "Alternate Possibilities and Moral Responsibilities", in Gary Watson (ed.), *Free Will* (Oxford: Oxford University Press, second edition, 2003), p. 169.

出于自己的动机和理由而这样做,没有人会干涉他的选择。认为道德责任要求可供取舍的可能性的那个原则(PAP)将是假的:琼斯本来就会采取负责任的行动,尽管他事实上本来就不能采取与之前不同的行为(因为布莱克不会让他这样做)。

请注意,法兰克福的这类例子提供了一个比品格例子(例如路德的例子)更有力的反对 PAP 的论证。因为我们可以想象一个"全局的"法兰克福式控制者,就像布莱克一样,他在琼斯整个一生中控制着琼斯的**所有**选择和行动。我们甚至可以想象,在每一个场合,琼斯实际上都是做全局控制者想要做的事情,结果,控制者永远都不需要干预琼斯的行动。琼斯一生都是自己行动,控制者从不干涉。在这种情况下,看来琼斯就能对其一生中的许多行为负责,因为他本来就会出于自己的理由,按照自己的选择做出这些行为。然而,既然控制者永远都不会让琼斯采取与之前不同的行为,那么琼斯本来就**绝不**能采取与之前不同的行为。如果琼斯已经选择或尝试采取与之前不同的行为,控制者就会干预并阻止他(尽管控制者实际上从未干预过)。因此,这种全局的法兰克福式案例得出了一个更强的结论,即负责任并不要求一个人在一生中**任何时候**有能力采取与之前不同的行为。

上帝会是这样一个全局的法兰克福式控制者吗?既然上帝被认为是善良的,看来我们就不得不假设,如果我们要行善,上帝就不会干涉,而如果我们要作恶,上帝就会干涉。但是,我们如果环顾这个充满恶的世界,就会很明显地看到,上帝并不是那样做的。当然,好像也是这样的:既然上帝是全能的,他也可以那样做。这样一来,世上为什么有恶呢?上帝为什么允许恶存在呢?在后面一章中,我们将回到这个"恶的问题",追问它如何与自由意志问题相联系。(就像圣奥古斯丁以来的宗教作家所表明的,恶的问题和自由意志问题实际上是密切相关的。)然而,就目前而言,我们必须首先问,法兰克福的论证是否真的有效,道德责任是否在我们一生中的任何场合都要求可供取舍的可能性。如果法兰克福的论证确实有效,那么我们就可以稍后考虑其宗教含义。

四 对法兰克福的回应:自由的闪烁

法兰克福式案例,例如布莱克和琼斯的例子,引发了许多讨论和回应。一个常见的异议如下:

> 假设布莱克想要琼斯采取行动 A(比如投票给一位总统候选人),琼斯就像布莱克想要的那样做 A,这样布莱克就不会干涉。在这种情况下,我们之所以认为琼斯要负责,是因为琼斯是在没有布莱克干涉的情况下,自己(出于自己的自由选择)做了 A。但是,如果这就是我们认为琼斯要负责的原因,那么琼斯毕竟确实有一个可供

153

取舍的可能性。因为通过不选择投票给布莱克想要选的总统候选人，从而迫使布莱克进行干预，琼斯本来就可以做除他自己做 A 这件事之外的其他事情。当然，如果布莱克已经干涉，那么琼斯仍然会做 A（投票给布莱克想要选的候选人），但琼斯不会自己做 A。因此，看来责任毕竟要求采取与之前不同的行为的能力。琼斯对自己做 A 负责，因为他本来就可以做除那件事之外的其他事情。但是琼斯不对做 A（投票给布莱克想要选的候选人）本身负责，因为他本来就不能做除做 A 之外的其他事情。布莱克不会让他做的。

很遗憾，对法兰克福的这种诱人回应不会奏效。这种回应正确地指出，当布莱克不干预时，琼斯对自己做 A 负责，而琼斯本来**就能**做除自己做 A 之外的其他事情。但是，在说琼斯**不**对做 A 本身负责时，这种回应就错了，因为琼斯除做 A 之外本来就不能采取与之前不同的行为。之所以如此，是因为：如果布莱克不干预，琼斯怎么可能对自己做 A 负责而不对做 A 本身负责呢？这毫无意义。如果某人对自己投票给总统候选人负责，那么他就对投票给总统候选人负责。这就是法兰克福式案例首先试图提出的要点：在没有人干预的情况下，我们要对自己做的事情负责。因此，如果琼斯要为自己做 A 负责，他也要对做 A 负责，但他本来就**不能**做除做 A 之外的其他事情。因此，法兰克福的结论成立：PAP 是假的。对一个行动负责（目前的例子中的 A）并不一定要求拥有避免做它的能力。

好吧，也许道德责任要求我们能够做**其他事情**，尽管不一定是那个行动本身。这种想法导致了对法兰克福式案例的第二种常见异议，该异议关注的是控制者布莱克。布莱克若想知道要不要干预琼斯的行动，就必须事先知道琼斯将要做什么。例如，如果布莱克在琼斯大脑中检测到某种神经模式（比如脸红或是皱眉），那么这就可靠地表明琼斯将要做布莱克想要做的事情，布莱克将不会干预。但是，需要这个先前迹象这一点暗示了琼斯可能有一些可供取舍的可能性的另一种方式。因为琼斯可能会表现出不同的先前迹象：例如，他可能会表现出不同的神经模式（要么他可能不会脸红，要么他可能不会皱眉）。

在回应这个异议时，法兰克福式案例的捍卫者首先指出，如果琼斯表现出不同的神经模式或其他先前迹象，那么他必定是**自愿地**或**非自愿地**这样做。不管他是以哪一种方式做的，法兰克福式案例的捍卫者都对这个异议有一个回答。他们说，如果琼斯**自愿地**表现出一个表明他将以某种方式投票的迹象而不是另一个迹象，那么布莱克就可以简单地专注于控制一个早期的自愿行为，该行为表现出一个迹象或另一个迹象。例如，如果琼斯将要自愿表现出一种促成布莱克想要的投票结果的神经模式,布莱克就不会干涉。但是,如果琼斯将要表现出一种不同的神经模式,布莱克就会干预,不让琼斯这样做。这样一来,法兰克福的论证就只是被转回到那个表现出一个先前迹象的早期行为上,而不失去其力量。琼斯除了表现出自己确实表现出来的那个先前迹象,将不能采取与之前不同的行为,因为布莱克不允许他这样做。然而,如果他自愿地表现出布莱克想要的那个先前迹象,那么布莱克就不会干涉,琼斯将是负责的。

相比之下,假设琼斯表现出的关于他将如何投票的先前迹象是**非自愿的**或**不自愿的**(他可能做的某件事情,比如脸红或皱眉,只是发生在他身上,而不是受他的自愿控制)。这对琼斯来说将是一个某些类型的可供取舍的可能性。但它会不会是一个琼斯可以被认为要**负责**的可供取舍的可能性呢?好像不是。法兰克福式案例的一名著名捍卫者约翰·马丁·费希尔是这样说的:

> 有人可能会反对说……虽然琼斯不能以不同的方式选择或投票,但他仍然可以在大脑中表现出一种不同的神经模式……我把这样一种可能性称为"自由的闪烁"……但我认为,仅仅是不自愿地表现出某个迹象,比如大脑中的神经模式、脸红或皱眉,不足以支撑道德责任。在我看来,不自愿地表现出一种不同迹象的能力似

乎不够强大,不足以为我们判断其他人的道德责任提供根据。①

费希尔是在说,如果你要声称琼斯在法兰克福案例中确实有可供取舍的可能性,那么这些可能性就不可能只是行动者没有自愿控制的事件,比如神经模式或脸红。如果我们能采取与之前不同的行为的唯一方式是不自愿的、偶然的或错误的,而不是自愿的或有目的的,那么我们还有多少自由意志?费希尔是在论证说,为了反驳法兰克福,你不仅要表明琼斯有**任何种类的可供取舍的可能性**,还必须表明这些可供取舍的可能性不是完全不自愿的"自由的闪烁",而是足够强大、可以成为道德责任的基础的自愿行为。

五 非决定论世界异议

尽管"自由的闪烁"策略不足以反驳法兰克福,但它确实引出了第三种更有力的异议。第三种异议是由几位哲学家提

---

① John Martin Fischer, "Frankfurt-type Examples and Semi-Compatibilism", in Robert Kane (ed.), *The Oxford Handbook of Free Will* (Oxford: Oxford University Press, 2002), pp. 288–289.

出的,包括我自己、大卫·威德克、卡尔·吉内特以及基思·魏玛。① 我们可以称之为"非决定论世界异议"。在我的《自由意志与价值》一书中,我讨论了这个异议。以下是对这一讨论的总结:

> 假设琼斯的选择直到它发生的那个时刻为止都是**未被决定的**,正如许多不相容论者和意志自由论者对自由选择所要求的那样。那么,一位法兰克福式的控制者,例如布莱克,在试图控制琼斯的选择时将面临一个问题。因为如果直到控制者布莱克做出选择的那一刻为止,琼斯要选择 A 还是选择 B 都是未被决定的,那么在琼斯实际上做出选择**之前**,布莱克就不可能知道琼斯将要做什么。为了看到琼斯将要做什么,布莱克可能会等到琼斯实际上做出选择。但是,这样一来,布莱克想要干预就太晚了。在这种情况下,琼斯将要对选择负责,因为布莱克并未参与其中。但是琼斯本来也会有**可供取舍的可能性**,因为琼斯对 A 或 B 的选择是未被决定的,因此就可以

---

① 参见 Robert Kane, *Free Will and Values* (Albany, NY: SUNY Press, 1985), p. 51; David Widerker, "Libertarianism and Frankfurt's Attack on the Principle of Alternative Possibilities", *Philosophical Review*, 104, 1995: 247-261; Carl Ginet, "In Defense of the Principle of Alternative Possibilities: Why I Don't Find Frankfurt's Argument Convincing", *Philosophical Perspectives* 10, 1996: 403-417; Keith Wyma, "Moral Responsibility and the Leeway for Action", *American Philosophical Quarterly* 34 (1997): 57-70。

朝任何一个方向发展。相比之下,假设布莱克想要**确保**琼斯将会做出布莱克想要的选择(选择 A)。这样一来,布莱克就不能置身事外,直到琼斯做出选择。他必须**提前**采取行动,以促使琼斯选择 A。在这种情况下,琼斯实际上就不会有可供取舍的可能性,但他也不会对那个结果负责。布莱克要负责,因为为了促使琼斯像他所期望的那样做出选择,他就会进行干预。

换句话说,如果自由选择是**未被决定的**,正如不相容论者所要求的那样,那么,像布莱克这样的法兰克福式控制者若不**实际上进行干预**,并使行动者按照其意愿进行选择,就无法控制自由选择。如果控制者置身事外,行动者就要**承担责任**,但本来也会有**可供取舍的可能性**,因为选择是未被决定的。与此相比,如果控制者确实干预,那么行动者就不会有可供取舍的可能性,但也不会承担责任(控制者将要承担责任)。因此,责任和可供取舍的可能性毕竟是相辅相成的,而且,**只要自由选择是未被决定的**,PAP 就仍然是真的——道德责任要求可供取舍的可能性。①

如果这个异议是正确的,那么它将表明,在一个非决定论世界(其中,某些选择或行动是未被决定的),法兰克福式案例

---

① Kane, *Free Will and Values*, p. 51.

不会有效。在这样一个世界中,正如大卫·威德克所说,并不总是会有一个**可靠的**先前迹象提前告诉控制者行动者将要做什么。① 只有在一个我们的所有自由行动在其中都是被决定的世界里,控制者才能总是事先确定行动者将如何行动。这意味着,如果你是相容论者,相信自由意志可以存在于一个被决定的世界中,那么你可能会因为法兰克福式案例而确信道德责任不要求可供取舍的可能性。但是,如果你是不相容论者或意志自由论者,相信我们的一些道德上负责的行动必须是未被决定的,那么你就无须因为法兰克福式案例而确信道德责任不要求可供取舍的可能性。

六 新法兰克福式案例

对法兰克福式案例的这一"非决定论世界"异议启发了许多新的、更复杂的法兰克福式案例,它们试图表明,道德责任并不要求可供取舍的可能性,**即使**直到选择发生的那个时刻为止,它们是未被决定的。所有这些新法兰克福式案例都不能在这种介绍性著作中被考虑。关于它们的争论已经变得极为复杂。不过,我将提到几个新法兰克福式案例,以便让你了解当前关于道德责任和可供取舍的可能性的争论的方向。假

---

① Widerker, "Libertarianism and Frankfurt's Attack on the Principle of Alternative Possibilities", pp. 248ff.

第八章 道德责任与可供取舍的可能性

如你想进一步探究这些问题,你可以查看本章末尾的建议阅读材料。

正如我们已经看到的,当琼斯的选择未被决定时,控制者布莱克的问题是,他没有一个暗示琼斯将要做什么的**可靠的**先前迹象。那么,布莱克如何在允许琼斯自己采取行动的同时,阻止琼斯拥有可供取舍的可能性呢?大卫·亨特等人指出了一种法兰克福式控制者可能采取的方式,它涉及进行**阻挡**。[①] 假设琼斯正在考虑是要投票给总统候选人 A 还是总统候选人 B。既然布莱克想要琼斯选择 A,他就在琼斯大脑中导致选择 B 的神经通路的末端设置一个障碍,这样,即使琼斯打算选择 B,他也不能选择 B。但是,琼斯无论如何还是可以自己选择 A。因此屏障不需要起作用。

这里有一个简单例子,有助于澄清进行阻挡的想法。想象一下,琼斯正走在城堡里一条黑暗的走廊上。他来到一个岔路口,那里左边有一扇门(A),右边有一扇门(B)。他穿过门 A,但他所不知道的是,门 B 被(布莱克)锁上了。因此琼斯不可能从门 B 出去。尽管如此,琼斯还是自己从门 A 出去了,即使他不知道门 B 被锁上了。布莱克没有干涉导致琼斯进入门 A 的慎思过程,尽管琼斯本来就不能采取与之前不同的行为。

[①] David Hunt, "Moral Responsibility and Avoidable Action", *Philosophical Studies* 97 (2000): 195–227.

请注意,像这样的阻挡案例不像最初的法兰克福式案例。在最初的例子中,布莱克是费希尔所说的纯粹"反事实干预者",而不是实际干预者。他可以干预琼斯的大脑,但他实际上没有干预。然而,在阻挡的情形中,布莱克确实会为了阻止其中一个结果而实际上进行干预;他这样做,是通过提前锁上门或者阻断通向选择 B 的神经通路。这样一来,琼斯有任何可供取舍的可能性吗?好吧,选择 A 或 B 可能本来就不是他唯一的选项。琼斯本来也可能决定不投票给任何一位候选人(选项 C),或者推迟到以后再做决定(选项 D)。假设布莱克阻止了选项 B,但不是其他选项。在这种情况下,琼斯仍然有**一些**可供取舍的可能性,即 C 和 D。然而,这样一来,琼斯的**责任**就会少一些。如果 C 是道德上要做的正确事情,那么琼斯可能就会因为没有选择 C 而受到责备,因为 C 是一个可能选项。但是,如果选择 B 是道德上要做的正确事情,那么他就不能因为没有选择 B 而受到责备,因为 B 对他来说不是一个可能选项。(请注意,琼斯的责任**范围**似乎确实取决于他有什么可供取舍的可能性,以及有多少可供取舍的可能性。)

当然,为了消除琼斯的**所有**可供取舍的可能性,布莱克不仅要阻止选项 B,而且要阻止选项 C 和 D。但是,如果布莱克确实**进行了阻挡**——如果他排除了琼斯的**所有**其他选项,只留下一个,那么看来结果似乎是由布莱克的行动(阻挡琼斯大脑中所有可供取舍的路径)提前**决定的**。换句话说,完全阻挡看起来就像是**预先决定**和**预先注定**唯一可能的结果。自由意志和道德责任与这种预先决定或预先注定相容吗？

阿尔弗雷德·米利和大卫·罗布提出了一个更复杂的阻挡例子，试图避免这种对预先决定或预先注定结果的指控。① 假设琼斯再次参与一个未被决定的慎思过程（称之为"P"），思考是要投票给候选人 A 还是候选人 B。在这种情况下，布莱克在琼斯大脑中引入了一个分离的过程 P∗，它不会以任何方式干扰琼斯自己的慎思过程 P。然而，布莱克的过程 P∗ 是决定论的，而且，如果琼斯自己的慎思过程没有产生选择 A，那么 P∗ 将不可避免地产生这个结果。不过，琼斯自己的慎思过程 P 是未被决定的，因此它自己可能会选择 A（布莱克想要做的选择）。如果琼斯的慎思过程确实导致自己选择 A，那么它将"抢占"或"推翻"布莱克的过程，因此琼斯将自己选择 A，而布莱克的过程将不起作用。按照米利和罗布的说法，琼斯将对自己的选择负责，即使布莱克的决定论过程在琼斯自己的过程还没有选择 A 的情况下无论如何都会让琼斯选择 A。

请注意，在这个设想中，布莱克的过程并没有预先决定或提前决定琼斯自己的慎思过程 P 会如何展现。这两个过程相

---

① Alfred Mele and David Robb, "Rescuing Frankfurt-style Cases", *Philosophical Review* 107 (1998): 97–112.

互独立地进行(直到结束)。如果琼斯的过程以选择 A 而告终,那么它就会抢占或推翻布莱克的过程(使之变得不起作用)。如果琼斯的过程没有导致选择 A,布莱克的过程就会抢占或推翻琼斯的过程,让琼斯无论如何都选择 A。因此,在米利和罗布的例子中,布莱克不需要一个先前迹象来知道琼斯将要做什么。毋宁说,如果琼斯没有选择布莱克想要的结果,那么布莱克的过程将在最后**自动**推翻琼斯的过程。

虽然米利和罗布声称布莱克植入的过程 P∗ 不会以任何方式干扰琼斯自己的慎思过程 P,但人们可能很想知道:布莱克在琼斯大脑中植入了那个额外的决定论过程 P∗ 这一事实,本身是否不会以某种方式对琼斯自己的慎思产生"影响"?为了验证这种可能性,不妨追问如下问题:如果布莱克从未将他额外的决定论过程植入琼斯大脑,那么会发生什么?如果布莱克从未在琼斯大脑中植入任何东西,那么琼斯自己的慎思过程(这一过程被假设是非决定论的)可能就会产生不同的结果。例如,琼斯本来有可能会在 A、B、C、D 中选择任何一个。但是,有了布莱克植入的决定论过程,情况就不同了。琼斯仍然可以通过自己的慎思而最终选择 A。但是,他不再能够通过自己的慎思过程做出可供取舍的选择,例如 B 或 C 或 D,因为如果琼斯没有自己做出选择 A,布莱克植入的决定论过程就会"抢占"琼斯的慎思,并确定琼斯会做出选择 A。

在布莱克的决定论过程使琼斯选择 A 的**同时**,琼斯是否仍然可以按照自己的慎思最终选择 B(或 C 或 D)？答案是否定的。因为那样的话，琼斯就会做出矛盾的选择；米利和罗布不允许这种事情发生。他们不能允许在布莱克的过程使琼斯也出于另一个理由而选择 A 的同时，琼斯通过自己的慎思过程选择 B 或 C 或 D：因为那样的话，琼斯就会有一些他自己能够做出的可供取舍的可能选择，而这正是布莱克植入的过程本来要防止的。

因此，只要布莱克植入的过程出现了，这本身似乎确实会对琼斯的慎思"产生影响"。看来，布莱克仅仅通过植入他的过程，实际上就已经**阻挡**了琼斯自己的慎思过程的所有其他可能结果——除 A 之外，B 或 C 或 D。实际上，由于布莱克植入的过程，琼斯自己的慎思过程甚至就不再是**非决定论的**了，因为它只能有一个结果。因此，这似乎就是完全阻挡的另一种情形。

米利和罗布说，"并非如此"。布莱克的过程确实阻挡了琼斯的所有**强大的**可供取舍的可能性（那些在其自愿控制之下的可供取舍的可能性），比如自愿**选择**候选人 B，或者自愿选择根本不投票（选项 C），又或者自愿选择推迟投票（选项 D）。但是，布莱克的过程并没有阻挡琼斯自己采取任何慎思过程而具有的每一个可供取舍的可能性。例如，琼斯可能会**不自愿地**变得分心，完全停止慎思，而不是做出任何选择。因此，米利和罗布坚持认为，琼斯自己的慎思过程仍然是非决定论的,不像完全阻挡的情形。琼斯自己的慎思过程可能有除选择 A 之外的结果,尽管这些其他结果不会是琼斯的自愿选择。

让我们同意米利和罗布的说法:这不是一种完全阻挡的情形,琼斯的慎思过程仍然是非决定论的。但是,对米利和罗布持批评态度的人提出了如下问题:如果布莱克植入的过程留给琼斯的唯一可供取舍的可能性是非自愿的,那么这是否足以保证真正的责任?回想一下,费希尔(法兰克福式案例的一位重要捍卫者)说,只有**强大的**可供取舍的可能性,即那些在行动者的自愿控制之下的可能性,才足以为道德责任奠定基础。如果选择 A 来自琼斯的慎思过程,而当时唯一的取舍是他可能会不自愿地分心并停止慎思,那么琼斯是否能够对选择 A 负责?我们立即就有这样一个直觉:不能。但米利和罗布说,他们的例子表明情况并非如此。他们认为,如果琼斯在他们所设想的情形中自己选择了 A,那么布莱克的植入过程就不会发挥作用。那么,既然琼斯是自己做出了选择(即使对他自己选择 A 的唯一选择是不自愿的),为什么我们不能让琼斯对其选择负责呢?琼斯仍然是在没有布莱克的过程干预的情况下自己做出了选择。

因此,法兰克福就这样被证明是正确的吗?道德责任与不具有任何强力的可供取舍的可能性相一致吗?抑或,如果行动者要真正地负责任,他们必须至少**有时**能够**自愿**采取与之前不同的行为吗？我们将在后续章节中讨论这些问题。

　　法兰克福式案例的捍卫者提出了更复杂的新例子，以表明 PAP 是假的(道德责任并不意味着有能力采取与之前不同的行为)。(参见建议阅读材料。)许多新相容论者被这些新例子说服，认为道德责任并不要求可供取舍的可能性。我们将在下一章更仔细地考察这些新相容论者的正面观点。

建议阅读材料

　　关于法兰克福式案例以及围绕这种案例的争论的最全面的文集是：David Widerker and Michael McKenna (eds.), *Moral Responsibility and Alternative Possibilities* (Ashgate, 2003)。这部文集包含了本章所讨论的法兰克福式案例以及 Eleonore Stump、David Hunt、Derk Pereboom 等人提出的其他新法兰克福式案例。另一个部分地处理了法兰克福式案例的文集是：John Martin Fischer and Mark Ravizza (eds.), *Perspectives on Moral Responsibility* (Cornell, 1993)。法兰克福式案例也在如下著作中得到了深入讨论：John Martin Fischer, *The Metaphysics of Free Will: A Study of Control* (Blackwell, 1994); Ishtiyaque Haji, *Moral Appraisability* (Oxford, 1998)。

第九章　高阶欲望、真实自我与新相容论者

一　层级动机理论:法兰克福

如果像法兰克福这样的新相容论者不认为自由意志和道德责任要求有能力采取与之前不同的行为,或者说要求可供取舍的可能性,那么他们**实际上**认为自由意志和道德责任要求什么呢？他们对自由意志的正面解释是什么？在这一章中,我们将考虑一些新相容论的自由意志理论,我们将从法兰克福自己的理论开始,因为这一理论一直很有影响力。就像其他许多新相容论者一样,法兰克福认为**古典**相容论——第二章讨论过的霍布斯、休谟、密尔等人的观点是有缺陷的,因为古典相容论者只给了我们一种关于**行动自由**的观点,而没有向我们提供一种对**意志自由**的充分论述。(回想一下,这是

第二章所讨论的一个对古典相容论的批评。)但是,法兰克福认为,仅仅因为其古典版本是有缺陷的就拒斥相容论将是一个错误。我们需要的是一种没有古典相容论的缺陷的、新的经过改进的自由意志和自由行动的观点。

古典相容论者认为,自由就在于**缺乏阻止我们做自己想做的事情的约束**。但是,他们往往关注对自由的外在约束,比如身体束缚(被关进监狱或被绑住),强迫或威胁(拿枪指着某人的头),以及身体残疾(比如瘫痪)。古典相容论者很少关注**内在**于我们的意志的约束,比如上瘾、恐惧症、强迫症、神经症和其他形式的强制性行为。如果我们对毒品上瘾,或者有非理性的恐高症,有强制性地洗手的需要,有神经质的焦虑,等等,那么做我们想要做的事情的自由也会受到损害。精神分析和其他现代心理学理论使我们意识到这些内在约束在人们生活中的重要性。请注意,这些内在的心理痛苦与自由意志密切相关,因为它们不仅会影响我们做自己想做的事情的自由,也会影响我们**渴望**我们想要的东西的自由。

为了处理对意志的内在约束,法兰克福引入了一阶欲望和二阶欲望的区分。① 二阶欲望是关于**其他**欲望的欲望。例

---

① Harry Frankfurt, "Freedom of the Will and a Concept of a Person", in Gary Watson (ed.), *Free Will* (Oxford: Oxford University Press, second edition, 2003), pp. 322–336. 亦可参见 Robert Kane (ed.), *Free Will* (Oxford: Blackwell Publishers, 2002), pp. 127–144); Laura Waddell Ekstrom (ed.), *Agency and Responsibility: Essays on the Metaphysics of Freedom* (Boulder, Co: Westview Press, 2001), pp. 77–91。

169

如,一个吸毒者可能有吸食毒品的一阶欲望。他很想吸毒。但为了保住工作和婚姻,他可能也想戒掉毒瘾。换句话说,他有一个二阶欲望,其内容是:对毒品的(**一阶**)**欲望不会促使他**实际上使用毒品。因此,这种二阶欲望是**关于**另一个欲望的欲望,因为这种二阶欲望是期望对毒品的一阶欲望不要"在行动中发挥作用",法兰克福也将其称为"**二阶意愿**"。

法兰克福认为,具有高阶欲望和意愿的能力使我们成为人。更具体地说,它使我们成为**有人格的存在者**(persons)或**自我**。非理性动物也有欲望或需要,甚至具有目的。老虎期望御寒,因此它就寻找一个温暖的休息场所。人类这样的有人格的存在者或自我之所以不同寻常,是因为我们能够**思考**我们拥有和**应当**拥有什么样的欲望和目的。换句话说,有人格的存在者或自我(我们也可以称他们为"**理性**动物")能够具有"反思性自我评价"——能够反思并可能改变他们确实具有的欲望和目的,而不只是本能地按照自己的欲望来行动。

再想想那个不情愿的瘾君子。他想要吸食毒品。但为了保住自己的工作和婚姻,他也想要克制自己吸毒的欲望。正如法兰克福所说,他有一个二阶欲望(或意愿),即想要他对毒品的一阶欲望不会"促使他采取行动"。唉,对于瘾君子来说,这种避免被促使去吸毒的二阶愿望是无效的。他忍不住要吸毒。因此,他的行为是**强制性的**或**成瘾的**;强制性的或成瘾的行为是不自由的。

按照法兰克福的说法,不情愿的瘾君子所缺乏的是**意志**的自由,因为他不能使他的意志(他对毒品的一阶欲望)符合他抵制吸毒的二阶意愿。在法兰克福看来,不情愿的瘾君子缺乏他想要(这是二阶意愿)具有的意志(这是一阶欲望)。当人们没有他们**想要具有的意志**时,他们就缺乏自由意志。与此相比,考虑一个能够抵制自己吸毒欲望的人。他可能也对吸毒具有一个一阶欲望。也许他以前吸过毒并喜欢上吸毒。但他知道毒品的危害,而且,与瘾君子不同,他能抵制自己吸毒的欲望,而且确实抵制住了。这个人有自由意志。

为了进一步说明自由意志如何与高阶欲望和反思性自我评价的能力相联系,法兰克福引入了**放荡者**的概念。放荡者是这样一种存在者:他们在不反思自己应该或不应该拥有什么欲望的情况下,就冲动地按照自己的欲望来行动。你可能知道很多人在他们的某些欲望方面都是这样。但很少有人会冲动地满足自己的**所有**欲望。正如法兰克福所指出的,这种彻头彻尾的放荡者根本就不是**有人格的存在者**。他们不可能拥有关于他们的哪些一阶欲望会促使他们行动的二阶意愿。法兰克福说,这种存在者将会缺乏拥有意志自由的条件。他们只会被自己的一阶欲望牵着走,从不反思自己应该或不应该据以行动的欲望。

像法兰克福的理论这样的自由意志理论被称为"层级理论",因为它们提到了"高阶"欲望和动机(关于其他欲望和动机的欲望和动机)。层级理论在许多方面都是对经典相容论的改进,因为它们为**意志**自由(以及行动自由)提供了一种新颖论述,为能够具有更高层次动机的有人格的人提供了一种更丰富的论述。但是,请注意,层级理论,比如法兰克福的理论,仍然是**相容论**的自由意志理论,尽管它们超越了古典相容论。正如法兰克福所说,"可以设想下面这种情况竟然是被因果地决定的,即一个人可以自由地想要他想要想要的东西(want what he wants to want)"或者"拥有他想要拥有的意志"(不像不情愿的瘾君子)。"如果这种情况是可以设想的,那么一个人拥有自由意志这件事就可以是被因果地决定的。"①

实际上,按照法兰克福的理论,自由意志甚至不要求行动者"本来就能采取与之前不同的行为"或者说具有可供取舍的可能性。(回想一下,在前一章中,法兰克福通过"法兰克福式案例"论证了责任并不要求采取与之前不同的行为的能力。)确实,如果你有法兰克福意义上的自由意志(如果在没有内在或外在约束的情况下,你拥有你想要拥有的意志,能够按照自己的高阶欲望来行动),那么你为什么会想要采取与之前不同的行为呢?因此,法兰克福已经为自由意志提供了一种新颖的"层级"解释,这种解释与决定论相容,而且不要求有能力采取与之前不同的行为。

---

① Frankfurt, "Freedom of the Will and a Concept of a Person", p. 336.

二　认同与全心全意

虽然许多人相信法兰克福的理论排除了对古典相容论的一些异议,但他的理论也引入了一系列关于自由意志的新问题。例如,法兰克福的批评者提出了如下问题。假设我们的一阶欲望确实符合我们的二阶欲望,但就我们的**二阶欲望**而论,我们仍然是放荡者(因此不反思我们的二阶欲望)。在这种情况下,我们会有自由意志吗?考虑一下法兰克福的批评者理查德·道布尔在《自由意志的非实在性》中提出的如下例子。

假设一个年轻人加入了一个邪教,并完全效忠于该教派的领袖。这个年轻人的效忠是如此彻底,以至只要宗教领袖要求,他就有牺牲自己生命的一阶欲望。此外,这个一阶欲望符合他的二阶意愿:如果宗教领袖要求,他就想要他牺牲自己生命的欲望实际上"促使他采取行动"。他不想在最后一刻失去勇气。再假设这个欲望强烈到足以促使他牺牲自己的生命。因此,这个年轻人有了"他想要拥有的意志"。但是,假设他也完全不反思那个二阶欲望,即期望被那个一阶欲望驱使去做邪教领袖所要求的任何事情。这个年轻人如此完全地受到了邪教领袖的影响,以至他从不质疑那个二阶欲望,也不再有能力去质疑它。

道布尔论证说,这个年轻人似乎满足了法兰克福意义上的自由意志的所有要求:他的一阶欲望符合他的二阶意愿,他的一阶欲望将在行动中有效。然而,道布尔说,"很难明白这个年轻人怎么会比一个放荡者有更多的自由",因为他不再有能力反思他的二阶欲望。① 难道自由意志不要求一个人也反思自己的二阶欲望并使它们与自己的**三阶意志**相一致吗?以此类推呢?为什么止步于二阶或任何高阶的欲望呢?看来我们必须进行无数次更高阶的反思才能拥有自由意志。

法兰克福通过诉诸**认同**(或者说,对某个高阶欲望的"决定性接受")的概念来回答。他说,行动者不是无限地反思,而只是在某个点上认同某些高阶欲望,或者说决定性地接受它们,并决定不需要再问关于那些欲望的进一步的问题。但是,这个回答不会让法兰克福的批评者满意。用另一位批评者加里·沃森的话来说:"我们想知道,是什么阻止了一个人在其高阶欲望方面肆意妄为。是什么让这些欲望与'一个人自己'具有特殊关系?如果做出决定性接受仅仅意味着不允许无止境地上升到更高的层次,那么回答说一个人做出了决定性接受就毫无帮助。这是武断的。"②

为了避免被指责武断,法兰克福诉诸一个额外的概念,即

---

① Richard Double, *The Non-Reality of Free Will* (Oxford: Oxford University Press, 1991), p. 35.
② Gary Watson, "Free Agency", in Watson (ed.), *Free Will*, p. 349.

第九章 高阶欲望、真实自我与新相容论者

"**全心全意**"这个概念。当人们在其意志方面没有冲突,他们对自己想做什么也没有三心二意的态度时,他们就是"全心全意"的。与此相比,三心二意的人对自己想做什么有两种(或更多种)想法,不能下定决心。法兰克福说,当我们实现了我们全心全意地承认,且不抱有三心二意的态度的欲望时,我们对欲望的反思就停止了。他坚持认为,认同这种全心全意的欲望并不是武断的,因为它们是我们"完全满意"的欲望,我们没有"积极的兴趣去改变它们"。那么,为什么我们不应该认同它们呢?法兰克福说,当我们实现了我们完全满意、不再质疑的高阶欲望时,停止反思并不是非理性的或武断的。因此,他得出结论说,拥有自由意志就是能够按照我们全心全意地承认的高阶欲望行动。

法兰克福诉诸全心全意的概念,回答了对其理论的一些异议,却导致了另一个更深的异议。按照沃森的说法,之所以如此,是因为法兰克福的论述只是告诉我们,一个人对某些欲望的全心全意的承认可能是洗脑或严格的社会训练的结果。假设道布尔例子中的年轻人已经被邪教领袖洗脑,而只要领袖要求,他愿意全心全意牺牲自己的生命。那么,这个年轻人是否只是因为全心全意决定牺牲自己的生命,并且对按照这个欲望来行动没有三心二意的态度或疑虑,就有了自由意志?他最终是如何全心全意地做出决定的,这对自由意志来说难道不也是重要的吗?

175

回想一下第一章所描述的斯金纳的社区瓦尔登湖第二的居民。他们可以拥有他们想要的东西和做他们想做的一切,但这只是因为他们从小就受到行为工程师的训练,只想要他们能够拥有的东西和做他们能够做的事情。在法兰克福的意义上,瓦尔登湖第二的居民在他们的态度和投入方面都令人惊叹地是"全心全意的"。他们对自己"满意","有自己想要拥有的意志"。他们不仅可以自由地做自己想做的任何事情,也能**执意要**自己**想要**的任何东西。他们的一阶欲望总是符合他们的二阶意愿。因此,他们不仅有**行动**自由,还有法兰克福意义上的**意志**自由。看来,瓦尔登湖第二的创建者弗雷泽真的**能够**说,这个社区在法兰克福意义上是"地球上最自由的地方"。但是,如果瓦尔登湖第二的居民的全心全意完全是行为工程导致的,他们真的有自由意志吗?或者他们更像那个身处邪教的年轻人——只要他是被洗脑而全心全意地决定要牺牲自己的生命的?或者,在为了让人们幸福而通过行为工程来培养人(就像在瓦尔登湖第二中那样)和为了让人们有牺牲自己生命的欲望而对他们进行洗脑之间有差别吗(这种差别可能说明了为什么被洗脑的邪教成员可能缺乏自由意志,而瓦尔登湖第二的居民可能有自由意志)?

法兰克福的理论还面临一个进一步的问题。如果自由意志就在于全心全意地接受一个人的欲望或诺言,并且对它们没有三心二意的态度,那么人们似乎永远无法**出于自己的自**

由意志而从三心二意达到全心全意。因为,请注意,**在**我们已经实现了全心全意,不再对该做什么感到三心二意**之前**,我们没有法兰克福意义上的自由意志。这是法兰克福的观点的一个古怪结果,因为三心二意是日常生活的一个共同特征。我们经常发现自己在许多事情上处于三心二意的状态,例如追求什么职业(医生、律师或木匠),与谁结婚,住在哪里,学习什么课程。看来被我们称为"自由意志"的那种东西通常是对这些事情做出选择,并尝试把自己**从**三心二意的状态**带到**全心全意地投入生活中我们认为重要的事情(事业、婚姻等)上。然而,在法兰克福看来,我们似乎无法出于自己的自由意志从三心二意达到全心全意,因为只有当我们已经变得全心全意时,我们才有自由意志。

法兰克福咬紧牙关来回应这些批评。他说,我们**如何**在我们的投入上达到全心全意,或者**如何**获得我们想要的意志(不管是通过我们自己的自由意志,还是通过某种其他方式),这并不重要。他指出,人们可能会以各种方式获得自己想要的意志,比如运气或幸运的环境,甚至社会训练。他们如何获得自己想要的意志并不重要。对自由意志来说,重要的是**我们现在是什么样子**,而不是我们如何变成现在这个样子。重要的是,我们在自己的投入上**是**全心全意的,不对该做什么和如何生活感到三心二意和纠结不安。当我们处于这种状态并且确实具有我们想要拥有的意志时,我们就不会像瘾君子那样有强迫症,或者像神经症患者那样执迷不悟,或者像那些对工作、事业等事情没有完全投入或没有实现全心全意的人那样三心二意和迷惑不清。这样一来,我们就有了自由意志。

三 价值观与欲望:沃森

许多人被法兰克福对自由意志的新颖论述吸引,觉得这是一种捍卫相容论的有趣方式。但是,他们也想知道,法兰克福是否准确地掌握了我们所说的自由意志的全部含义。正如我们刚刚看到的,加里·沃森是另一位批评法兰克福的理论的新相容论者。沃森认为,法兰克福在许多事情上都是正确的,包括"反思性自我评价"对自由意志来说至关重要这一信念。但是,沃森并不认为自由意志和反思性自我评价的重要之处可以按照高阶欲望本身来理解。在沃森看来,反思性自我评价涉及实践推理,而实践推理又取决于**欲望**和**价值观**之间的根本区别。①

我们所**看重**的是,我们的实践推理告诉我们要做什么**最好的**事情,或者应该追求什么目标,也就是说,我们有好的**理由**去做什么。从这个意义上说,我们的**价值观**经常与我们的**欲望**和**激情**相冲突。一个心怀不满的员工可能会想狠狠揍他

---

① Watson, "Free Agency", 339ff.

讨厌的老板。但是，他的实践推理告诉他，若想保住工作，就不该这样做；保住工作是他的一项重要**价值**。一个女人可能想看电视，但她知道，若想治愈受伤的膝盖，她就必须起来锻炼；治愈膝盖对她来说是一项重要**价值**。在这种情形中，以及在我们每天经历的许多其他类似情形中，我们的价值观与我们的欲望和激情发生冲突。有时候，在这种冲突中，欲望和激情胜出，我们的行为违背了我们更好的判断：那名员工无法克制自己，揍了老板一拳；那个女人懒散地坐在电视机前，无法让自己起来锻炼。

在这种情况下，我们说这些人因为**意志软弱**而内疚。他们会违背自己更好的判断去做自己立即想做的事情。用沃森的话来说，他们的**欲望**胜过了他们的**价值观**。古希腊哲学家将这种意志软弱称为"不能自制"（akrasia）——字面意思是"无"（a-）"力"（krasia）。其反面是**自制**。当一个人能够使自己的欲望符合自己的理性和更好的判断时，他就有了自制力。古代人相信，由于意志软弱而行动（违背我们更好的判断而屈从于欲望）是不自由的。相比之下，当我们能够使我们的欲望和激情符合我们的理性和更好的判断时，我们是自由的。沃森追寻这个主题。他把人的**评价系统**和**动机系统**区分开来，前者是他们的价值观和关于他们应该做什么的理性判断，后者是欲望、激情和其他促使他们行动的心理状态。当这两个系统和谐相处时，当人的欲望符合他们的价值观和理性时，他们就有了自由意志。当这两个系统不和谐时,当人们的欲望驱使他们违背自己更好的判断而行动时,当他们由于意志软弱而行动时,他们就是不自由的。

四 柏拉图:理性和欲望

因此,沃森复兴了古希腊哲学家柏拉图对理性和欲望的区分。柏拉图把理性和欲望设想为灵魂的两个部分,它们可以相互交战。在他的一篇对话中,他想象我们是由两匹马拉着的马车的车夫,一匹白马,一匹黑马。[①] 白马代表理性,黑马代表难以驾驭的欲望。当两匹马同心协力地拉车时,灵魂就和谐。我们的欲望符合我们的理性,我们就有**自制**或**自律**能力。当两匹马向不同的方向跑时,我们的灵魂就缺乏和谐,我们的欲望就会不受控制。一旦缺乏控制,我们就不自由。

因此,沃森的理论在某些方面很像法兰克福的理论。他说:

> 法兰克福的立场类似于柏拉图的构想,因为它关注"灵魂"的结构。但是……当法兰克福将灵魂分为高阶欲望和低阶欲望时,对柏拉图以及我的论点来说,区分是在

---

① Plato, *Phaedrus* in *The Dialogues of Plato*, vol. II (trans. B. Jowett, New York: Kandom House. 1937), 237e-238c.

动机的独立来源当中做出的。①

理性和欲望(评价系统和动机系统)对沃森(以及柏拉图)来说是动机的独立来源。当理性支配欲望而不是被欲望压倒时,我们就有了意志自由。

就像法兰克福的理论一样,沃森的理论也属于**相容论**。他补充说:

> 现在可以看出,阻碍人们接受……相容论的一个担忧是没有根据的……如下说法是假的:决定论意味着我们的一切行动和选择都与盗窃癖者之类的"强制性选择者"具有同样的地位。盗窃癖者的偷窃行为的强制性特征与决定论毫无关系。毋宁说,正是因为他的欲望是独立于他的评价判断表达出来的,我们才倾向于认为其行动是不自由的。②

盗窃癖者无法控制自己的盗窃欲,就像不情愿的瘾君子无法抑制自己对毒品的渴望一样。法兰克福在这里会说,一阶欲望不符合人的二阶意愿。沃森认为更准确的说法是,欲望和理性(人的动机系统和他们的评价系统)是不同步的。他

---

① Watson, "Free Agency", p. 350.
② Watson, "Free Agency", p. 351.

们的欲望不符合他们的理性。这就是他们缺乏自由意志的原因。然而,沃森是在说,决定论并不具有如下含义:我们都像盗窃癖者和不情愿的瘾君子,我们的理性和欲望总是不同步的。因此决定论本身并不排除自由意志。

沃森的理论和柏拉图的理论面临一个困境,体现在如下问题上:当我们由于意志软弱而行动时,我们总是**不自由地**行动吗?如果自由意味着理性支配欲望,那么每当欲望战胜理性,我们由于意志软弱而行动时,我们大概就必然是不自由的。但情况总是如此吗?假设那个女人知道自己应该锻炼受伤的膝盖,但还是忍不住继续看电视。或者,假设一个学生知道自己应该为考试而学习,但还是忍不住去参加聚会。我们认为这样说是合理的:在许多意志软弱的情形中,行动者**自由地**屈服于诱惑,或者出于自己的自由意志屈服于诱惑。否则我们就永远都不能让人们为其意志软弱的行为负责。我们并不总是被迫屈服于诱惑。但是,说当理性支配欲望时,我们有自由意志,而当欲望不受理性控制时,我们是不自由的,似乎意味着意志软弱的行为不是一个自由意志问题。看来沃森需要一种原则性的方法将强制性行为和成瘾行为与意志软弱行为的其他情形区分开来,在这些情形中,人们出于自己的自由意志而屈服于欲望,而且,他们本来就可以采取其他行动方式。

此外,在一些批评者看来,沃森的理论就像法兰克福的理论那样,似乎受制于关于行为工程和操纵的异议。如果人们可以在行为上被设计成总是按照他们的价值观或更好的判断来行动,从不屈服于他们难以驾驭的欲望,那么看来他们在沃森(以及柏拉图)的意义上就会是真正自由的。这实际上是瓦尔登湖第二的居民的状况,他们的价值观是由行为控制者灌输给他们的。他们的理性和欲望被设计成总是和谐的。这种理性与欲望的和谐,也是柏拉图在其名著《理想国》所设想的理想状态中试图创造的状况,在那种状态下,公民们受到训练,使他们的欲望尽可能符合他们的理性。然而,我们想知道瓦尔登湖第二的居民是否真的有自由意志。我们可能也想知道,柏拉图的理想国家的公民,若在受到良好的训练后,除了像理性所要求的那样行动,他们再也不能行动,那么他们是否还会有自由意志。

五 真实的或深层的自我与精神健全:沃尔夫

苏珊·沃尔夫是另一位新相容论者,她认为法兰克福和沃森的相容论处于正确的方向上,但二者都是不完整的。[①] 沃尔夫把法兰克福和沃森的那种理论称为"真实自我(或深层自我)"理论。我们的"真实"自我或"深层"自我就是我们"认

[①] Susan Wolf, "Sanity and the Metaphysics of Responsibility", in Kane (ed.), *Free Will*, 147 ff.

同"或想要确认为我们的真实面目的自我。对法兰克福来说，我们的真实自我或深层自我是由高阶意愿来表达的，这种意愿体现了我们想要拥有并全心全意地接受的意志。对沃森来说，我们的真实自我或深层自我是由我们的价值观或者我们认为自己应该成为的样子来表达的，而不是仅仅由我们期望的东西来表达的。但是，按照这两种观点，当我们的行动符合（以及表达了）我们反思性地认同的真实自我或深层自我时，我们就拥有自由意志而且是负责任的。

沃尔夫赞同真实自我观点，但她认为这种观点遗漏了一些东西。在沃尔夫看来，对真正的自由和责任来说，如果我们的真实自我或深层自我是如此混乱，以至我们无法理解真与善，从而缺乏"出于正确理由做正确事情"的能力，那么我们出于自己的真实自我或深层自我而行动就是不够的。想想臭名昭著的连环杀手大卫·伯科维茨，人称"山姆之子"。伯科维茨听到了一阵陌生的声音，要他去杀人，而他认为那是一只名叫山姆的狗发出的声音。他觉得自己必须服从这些声音，就像人们觉得自己必须去做他们认为是上帝的声音所命令的事情。山姆之子精神错乱，他在自己妄想的状态中无法使自己的行为符合普通的道德和法律规范。或者，想想另一个臭名昭著的连环杀手杰弗里·达默，他有杀人并吃掉受害者的强迫症。当达默最终被逮捕时，警方在他的冰箱里发现了最近几名受害者的肢体，它们显然是被当作将来的饭菜而储存的。

第九章　高阶欲望、真实自我与新相容论者

达默的病状很奇怪,人们从来没有弄清楚是什么让他变成了这个样子。但很少有人怀疑他疯了,因此无法使自己的行为符合普通的道德和法律规范。

在沃尔夫看来,伯科维茨和达默缺乏使他们成为真正自由和负责任的行动者所需的规范能力。用她的话来说,他们不能"出于正确理由做正确事情",或者不能明白自己的行为并使之符合"真与善"。① 这并不是说,既然像伯科维茨和达默这样的疯子不能出于正确理由做正确事情,并犯下了令人发指的罪行,那么他们就应该逍遥法外。远非如此。既然这种道德上变态的人对社会是一种明显的危险,他们就可以被合法地监禁在一个机构里,也许余生都是这样。斯库曼关于疾病和隔离的类比在这里很有帮助。像伯科维茨和达默这样的人对社会的危害,就像一种无法治愈的致命病毒的携带者的危害一样(当然是以完全不同的方式)。因此,那些实际上犯下滔天罪行的人,若不可能确定地得到治疗,就可以被违背其意志地监禁起来。但是,这样并不是说,真正的疯子在道德上要为他们的行为负责,就像新发现的致命病毒的携带者要对他们的疾病负责一样;也不是说所有精神失常的人都真的像伯科维茨和达默那样危险。

我们该对沃尔夫的理论说什么呢? 她无疑正确地强调了

---

① Susan Wolf, *Freedom Within Reason* (Oxford: Oxford University Press, 1990), p. 79.

精神健全和**规范能力**(明白自己的行为并使之符合道德和法律规范的能力)是对自己行为负责的重要要求。这些要求在法庭上发挥重要作用,它们在我们此前的讨论中没有得到应有的重视。但是,沃尔夫的观点(她称之为"理性观")也有一些不寻常的后果,而许多人觉得这些后果是成问题的。例如,她说:

> 根据理性观,责任取决于按照真与善来行动的能力。如果一个人下决心出于正确理由去做正确事情,那么这与具备必要的能力是相容的……但是,如果一个人下决心去做错事,不管出于什么原因,这似乎就会构成对那种能力的否认。因为如果一个人不得不做错误的事情,那么他就不能做正确事情,因此他就缺乏按照真与善来行动的能力。①

换言之,就像沃尔夫所承认的,她的

> 理性观接受了这样一个奇怪主张,即下决心执行好的行动与因此而值得赞扬相容,但下决心执行坏的行动却与应受责备不相容。②

---

① Wolf, *Freedom Within Reason*, p. 79.
② Wolf, *Freedom Within Reason*, p. 79.

在为这个奇怪的"不对称性论点"辩护时,沃尔夫指出,我们经常赞扬那些做了正确事情(比如救了一个溺水的孩子)的人,即使我们知道他们的品格和心理构成是这样的,以至在这种情况下,他们本来就不可能采取与之前不同的行为。然而,如果我们知道一个人的心理构成是这样的,以至他们本来就不能抵制做自己所做的事情,那么我们就不愿意因为他们做了错事(比如一个盗窃癖者偷窃)而**责备**他们。这些说法有一定道理。但是,它们本身并不能确立沃尔夫的不对称性论点。因为,当我们由于人们的好行为(比如拯救一个孩子)来自其品格而赞扬他们时,难道我们没有假设,就像亚里士多德所暗示的那样,他们在某些方面对产生那些行为的好品格负责?而且,我们不愿意责备人们(比如有偷窃行为的盗窃癖者),难道不是因为我们相信他们有一种他们不能负责的心理疾病,因此不能对产生其行为的心理构成负责吗?

六 职业杀手达斯:善与恶

为了明白这些问题为什么可能对沃尔夫的不对称性论点造成困扰,请考虑以下例子。假设达斯(Darth)是一个恶毒的罪犯,他为黑帮充当杀手和执行者。达斯是残忍的,在折磨或杀害妨碍他的人方面,他毫无道德上的不安。(在好莱坞电影中,很大一部分反派最终都像达斯一样,是没有任何可取之处的邪恶罪犯,这或许是现代电影制作人的一种控诉。)达斯的品格已经使得他没有能力按照沃尔夫意义上的真与善来行动,也没有能力在沃尔夫想要的道德意义上出于正确理由做正确事情。因此,按照沃尔夫的理论,达斯不对其邪恶行为负责。

但是,在对像达斯这样的邪恶罪犯没有任何更多的了解或者不知道他们如何变得邪恶的情况下,仅仅因为他们不再能够出于正确理由做正确事情,我们就要免除他们的道德责任吗?诚然,达斯可能是真正的精神病患者,他的童年是如此可怕(也许他经历了恶毒的儿童虐待,得不到爱),以至他**不由自主**地变成了他所成为的那种人。但是,若不进一步了解其背景,我们就无法知道这一点。也有可能他的背景很正常,但他很自私,每当被要求无私时,他就故意"麻木不仁"。换句话说,也有可能的是,正如乔纳森·雅各布斯在其《选择品格》一书中所论证的那样,像达斯这样的行动者故意把自己变成了现在这样邪恶的人,他们对此负有责任。[①] 在这里,沃尔夫观点的批评者想说的是,达斯是否负有责任,可能不像沃尔夫所声称的那样,只是取决于他现在是否能够按照真与善来行动。达斯是否负有责任可能也取决于这样一个问题:他是如何达

---

① Jonathan Jacobs, *Choosing Character* (Ithaca, NY: Cornell University Press, 2002).

到他能够或不能按照真与善来行动的地步的?

现在来看看这幅图景的另一面。假设有人发明了一种药物,我们可以(在达斯不知情的情况下)给他服用,这种药物会在一夜之间将他转变为特蕾莎修女那样的人物。他放弃了职业杀手的工作,开始帮助病人和穷人。在沃尔夫看来,达斯现在正在沃尔夫的意义上按照真与善来行动。因此,按照她的理论,在服用这种药物后,他要对自己的行为负责。然而,在给他服用药物之前,他不负责,因为他没有能力按照真与善来行动。在沃尔夫的诸多批评者看来,这是难以置信的。日常的直觉表明情况可能正好相反。如果达斯在服用药物前已经故意地和自私地使自己成为邪恶的罪犯,那么他就要对他服用药物前的行为负责(与沃尔夫的理论相反)。而且,既然他与服用药物后其行为的变化无关(因为他是在不知情或不同意的情况下服用了药物),看来他也不会对他服用药物后的行为负责。

现在,假设药效后来开始消退,达斯忍不住又走上邪路。然而,他抵制住了诱惑,在本来可以选择回去犯罪的时候,故意选择继续做好事。这样一来,看来达斯又要为自己的行为负责了。但是,他似乎不**只是**因为如下事实而有责任:就像沃尔夫所说的那样,他现在可以选择按照真与善来行动。他也是因为如下事实而有责任:在药效消退后,他可以选择行善还是作恶。他现在可以选择继续行善,但他也可以选择采取与之前不同的行为——选择回到他以前的邪恶道路。对于沃尔夫的批评者来说,这条推理路线表明,能够按照真与善来行动,可能并不是责任所需的一切。我们不仅要能够选择善,看来我们还必须能够在善与恶*之间*做出选择。如果自由意志就是那种使我们与道德责任相联系的自由,就像第八章所暗示的那样,那么自由意志就不只是选择善的能力。它将是一种在善与恶之间做出选择的能力。

沃尔夫及其捍卫者会质疑上述论证背后的一些直觉。例如,他们可能会争辩说,达斯服用药物前的行为是如此缺乏对错意识,以至他具有一个心理变态人格,因此不是负责任的。(不管出于什么原因,心理变态者缺乏道德良知,对自己的行为毫无悔意。)因此,最终,你将不得不自己判定这里提出的论证是否成功地反驳了沃尔夫的观点。同样值得注意的是,在沃尔夫对其观点的辩护中,她强调的是理解善与恶的区别("辨别是非")的能力,而这种能力确实是道德责任的一个重要条件。如果我们不能首先辨别是非,我们就没有在善与恶、对与错之间自由地做出选择的能力。因此,不管我们最终对沃尔夫的观点做出怎样的判断,她已经让我们注意到一些问题,而在关于道德责任和自由意志的争论中,这些问题很重要,却经常受到忽视。

总之,新相容论者,例如法兰克福、沃森和沃尔夫,在试图捍卫相容论并排除对古典相容论的异议时,在关于自由意志和道德责任的争论中引入了有趣的新思想。法兰克福确实正确地指出,自由意志要求**反思性自我评价**的能力,或许还要求高阶动机的可能性。沃森提醒我们,那种古代的柏拉图式观念有一定道理,即当我们的理性控制我们的欲望,我们的价值观与我们的激情和谐相处时,我们是最自由的,因此我们不会意志软弱。沃尔夫正确地指出,**精神健全**和**规范能力**是道德责任的本质要求,因此也是自由意志的本质要求。这些条件似乎都是为了具有自由意志和道德责任而必须满足的,因此,法兰克福、沃森和沃尔夫的观点为我们提供了自由意志和道德责任图景的重要部分。本章对他们的观点的讨论所提出的问题是:他们是向我们提供了自由意志和责任所要求的东西的全貌,还是只提供了其中的一部分?

建议阅读材料

关于法兰克福的层级观点,见 Harry Frankfurt, "Freedom of the Will and the Concept of a Person", reprinted in Gary Watson (ed.), *Free Will*, 2nd ed. (Oxford, 2003); Robert Kane, *Free Will* (Blackwell, 2002); Laura Waddell Ekstrom (ed.), *Agency and Responsibility: Essays on the Metaphysics of Freedom* (Westview, 2000)。如下文集考虑了法兰克福关于自由和其他论题的观点:Sarah Buss and Lee Overton (eds.), *The Contours of Agency*（MIT，2002）。沃森的观点出现在如下两个文集中：Garry Watson,"Free Agency", in Watson (ed.), *Free Will*; Ekstrom (ed.), *Agency and Responsibility*。沃尔夫的理性观在其如下论著中得到发展：Susan Wolf, *Freedom Within Reason* (Oxford, 1990); Susan Wolf,"Sanity and the Metaphysics of Responsibility", in Watson (ed.), *Free Will* and Kane (ed.), *Free Will*。

第十章 反应态度理论

一 自由与怨恨:彼得·斯特劳森

前一章讨论的观点试图提供关于自由意志的更加复杂的新相容论版本,以规避古典相容论的困难。在本章中,我们考虑第二组新相容论者,他们试图以一种不同的方式捍卫自由意志与决定论的相容性。这组新相容论者认为,为了正确恰当地理解自由意志,我们必须关注日常生活中我们让彼此在道德上负责的实践,以及我们因为这些日常实践而对待他人的态度。

对自由意志的这种新探讨通常被称为"反应态度"进路,它是由英国哲学家彼得·斯特劳森在1962年发表的一篇很有影响力的文章《自由与怨恨》中首先提出的。斯特劳森论证说,自由意志问题关系到让人们负责的条件。他进一步论证说,将人视为负责任的行动者,就是准备以某些方式对待他们,对他们采取各种态度,例如怨恨、赞赏、感激、愤慨、内疚、责备和宽恕。斯特劳森把这种态度称为"反应态度",因为它们是对人们行为的评价性反应。他认为,负责任就是成为这种反应态度的"合适"主体。它是一种"生活形式"或道德共同体的一部分,在其中,人们可以适当地对彼此采取这种反应态度,从而使彼此承担责任。这就是我们在由于他人的行为而**赞赏**或者**怨恨**或**责备**他们时所做的。

想想第一章中那个残酷杀害他人的年轻人。在对他的审判中,我们最初的反应是对他所做的事情感到愤怒和怨恨。我们因为他犯下的罪而责备他,要他负责。但是,当我们得知这个年轻人阴暗的过去时,我们的一些愤怒、怨恨和责备就被转移到他的父母和其他在他童年时期虐待他的人身上。我们觉得他们分担了一些责任。如果我们没有这种感觉,那么对他们以及对这个年轻人自己的反应态度就不合适了。同样,当我们**感激**对我们做了好事的人时,那在一定程度上是因为我们相信他们**不一定**要做他们所做的事情。他们对自己所做的事情有所选择,而且是出于自己的自由意志这样做。

现在,许多人已经认识到自由意志与责任和怨恨、责备、赞赏以及感激之类的反应态度之间的这些联系。但是,斯特劳森的理论的独特之处就在于,他相信责任是由我们对彼此采取这种反应态度的做法**构成**的。我们让人们负责的做法之所以是正当的,是因为它们是一种**实践**或**生活形式**的一部分,在这种实践或生活形式中,对彼此具有这种反应态度是适当的。反过来说,这种实践或生活形式也是正当的,因为它表达了基本的人类需要和关切。斯特劳森说,"其他人的行动究竟是……反映了对待我们的善意、喜爱或尊重的态度,还是反映了对待我们的蔑视、冷漠或恶意的态度",这"对我们来说很重要"。因此,反应态度是"对其他人对待我们的善意或恶意的自然反应,而他们的善意或恶意是在**他们的**态度和行动中展现出来的"。[1]

在阐述了这些东西后,斯特劳森转向决定论问题。他指出,有些人,即不相容论者,声称如果决定论是真的,我们就必须放弃反应态度以及与这些态度相联系的实践,因为没有任何人会真正地要对其行为负责。但是,斯特劳森认为这是一种不理智的反应。首先,他论证说,按照我们让人们负责的日常实践,我们会在某些情况下原谅他们或者免除他们的责任,比如说他们在无知的情况下行动,或者出于意外或无意地行动,抑或在精神失常的情况下行动。但是,决定论并不意味着我们的**所有**行动都是出于无知或偶然而做的,或者具有其他类似的辩解或豁免条件。因此,决定论并不意味着没有任何人要对其行动负责。

---

[1] Peter F. Strawson, "Freedom and Resentment", *Proceedings of the British Academy* 48 (1962): 1–25; quotation, p. 9.

斯特劳森进一步论证说,即使我们发现决定论是真的,我们也不应该放弃我们在其中对彼此采取反应态度的生活形式,因为我们**不可能**在放弃这种生活形式的同时仍然是真正的人类。他说,我们人类对反应态度的接受在我们的本性中是如此"彻底和根深蒂固",以至即使我们发现决定论是真的,我们在心理上仍然无法放弃反应态度。他进一步认为,即使我们可以悬置反应态度,这样做也是**非理性的**,因为在悬置这些态度时,人类生活所遭受的损失远远超过我们不得不悬置这些态度的任何理由。为什么物理学家、化学家或神经学家关于电子、氨基酸或神经细胞行为的深奥发现,会导致我们放弃日常生活中对他人的赞赏、感激、怨恨和责备呢?在斯特劳森看来,这些涉及反应态度的日常行为是正当的,因为它们满足了根本的人类需求。因为科学家可能在实验室中发现的物理粒子或生物现象,而放弃人们彼此感受和表达反应态度的做法,将是非理性的。

二 原谅与责备:华莱士

斯特劳森认为,负责任就是成为反应态度的合适主体,这一观点对有关自由意志和责任的争论产生了意义深远的影响。但是,一个人究竟需要满足什么条件,才能成为怨恨或责备、赞赏或感激的"合适"主体呢?在斯特劳森看来,要回答这个问题,我们必须看看让人们负责的日常实践。然而,当我们审视这些实践时,我们发现,当人们"不由自主"地做自己所做的事情或者"本来就不能"做我们期望他们做的事情时,我们经常**免除**他们的责任或者对他们的责备。但是,如果决定论是真的,那么看来任何人都是"身不由己"做他们所做的事情或者"本来就不能"做我们期望他们做的事情。因此,我们让人们对**自己**负责的日常实践似乎意味着,如果我们的所有行动都是被决定的,那么我们根本就不是反应态度的"合适"主体。正如我们在第七章看到的,这实际上是许多强硬决定论者和其他关于自由意志的怀疑论者得出的结论。例如,这就说明了为什么斯米兰斯基认为,如果我们开始相信决定论是真的,我们就必须培养自由意志幻觉。

你可能猜到了,斯特劳森拒斥这种不相容论者的结论。但是,他的文章并未对让人们负责的日常实践提出一个充分发达的论述,该论述可以表明**为什么**决定论不会对这些实践造成威胁。因此,其他赞同斯特劳森观点的哲学家也试图对责任提供这样一种论述。杰伊·华莱士就是这样一位哲学家。[1] 华莱士论证说,如果我们更仔细地看看**免除**和**豁免**人们的责任和对他们的责备的日常实践,我们会发现,正如斯特劳森所声称的那样,这些实践并没有受到决定论的破坏。此外,

---

[1] R. Jay Wallace, *Responsibility and the Moral Sentiments* (Cambridge, MA: Harvard University Press, 1994).

华莱士认为,让人们负责的日常实践之所以没有被决定论破坏,是因为这些实践不要求行动者本来就可以采取其他行动,或者说不要求他们有可供取舍的可能性。

为了支持自己的主张,华莱士把重点放在了一种道德责任上。他论证说,人们若要成为怨恨、赞赏、愤慨和责备之类的道德上的反应态度的"合适"主体,由于他们所做之事而让他们负责或者责备他们就必须是**公平的**。但是,华莱士补充说,只有当人们已经做了错事或者违反了我们合理地期望他们遵守的道德义务时,让他们负责或者责备他们才是公平的。例如,考虑一下我们免除对某人的责备的普通情况。假设莫莉责备约翰没有在路上接她去参加聚会。约翰回答说:"这不是我的错。没人告诉我应该去接你。"莫莉说:"但是我也在你的应答机上留言了。"约翰回答说:"但是我没有在家里停留,我下班后就直接去参加聚会了,因此我没有收到留言。"如果约翰说的是实话,那么责备他就是**不公平**的,因为他无法知道自己应该做什么。因此,他没有违反任何义务,并有正当辩解。

现在**看来**,约翰是在用如下说法来为自己辩解,即在那种情况下,他**本来就不可能采取与之前不同的行为**,因为他本来就无法知道莫莉指望会被接走。但华莱士论证说,即便如此,即便约翰本来就不可能采取与之前不同的行为,这也不是我们原谅他的**理由**。华莱士认为,在有正当辩解的情况下,我们

第十章 反应态度理论

不去责备人们的理由是,这些人并没有选择做他们所做的事情;他们并没有做他们**故意**或**有目的地**做的事情。这就解释了为什么我们说他们没有做错任何事,或者没有违反任何义务。**如果**他们选择做自己所做的事情而且是故意做的,那么,当他们说他们本来就不能采取与之前不同的行为时,那就不是一个正当辩解。

换句话说,当我们责备或原谅人们时,重要的是他们的**态度**,而不是他们是否本来就能采取与之前不同的行为或具有可供取舍的可能性。如果人们并没有选择做他们所做的事情或者不是故意这样做的,那么让他们负责或责备他们就会是**不公平的**。回想一下斯特劳森的主张:反应态度关涉人们在其态度和行动中对我们表现出的是"恶意"还是"善意"。当莫莉得知约翰并不是故意不接她,也不是出于恶意而不去接她时,她继续责备约翰或对他感到怨恨就是不公平的。华莱士说,这同样适用于我们提供辩解(无知、意外、强迫等)的所有日常实践。一个人为自己辩解说:"我不是**故意**打倒你的灯的(我不是有目的地那样做的),那是个**意外**。"或者:"我没有**选择**把你的钱给他,是他**逼**我的。他拿枪指着我的头。"

在考虑了我们免除某些人的责任或者不去责备他们的理由后,华莱士转向了如下问题:为什么我们会因为某些人处于童年、智力迟钝、精神失常和成瘾之类的一般情况而**免除**他们的责任?通常,当我们因为某些人处于精神失常之类的状况而免除他们的责任时,这些人本来也不可能采取与之前不同的行为。但是,按照华莱士的观点,这又不是我们免除他们的责任的理由。真正的理由是,非常年幼的孩子、弱智者、精神失常者、上瘾者缺乏他所说的**反思性自我控制**的能力——"掌握和应用道德理由……以及按照这种理由来控制……[他们的]行为的能力"①。但是,华莱士论证说,满足这一条件也不要求有能力采取与之前不同的行为。因为我们可能有能力理解道德对我们提出的要求,而且甚至在我们本来就不能采取与之前不同的行为时做道德所要求的事情。因此,华莱士论证说,免除或豁免人们的责任或者不去责备他们的日常实践,并不要求可供取舍的可能性,因此不要求决定论是假的。

总而言之,华莱士试图为斯特劳森的如下观点提供支持:即使决定论是真的,我们让人们负责并对他们采取道德上的反应态度的日常实践也不会受到破坏。相容论的观点,比如斯特劳森和华莱士的观点,通常被称为"**反应态度理论**"。反应态度理论家认为:第一,负责任就是成为怨恨、赞赏、愤慨和责备之类的反应态度的适当主体;第二,成为这种态度的适当主体是与决定论相容的。

请注意,在捍卫这种按照反应态度来探讨相容论的做法时,华莱士在某些方面采取了与法兰克福类似的路线。就像

---

① Wallace, *Responsibility and the Moral Sentiments*, p. 157.

法兰克福一样,他拒斥了"可供取舍的可能性原则"(PAP),该原则认为,**只有当人们本来就可以采取与之前不同的行为时,他们才对做某事负有道德责任**。但是,华莱士并没有通过诉诸法兰克福式案例(例如第八章中法兰克福等人的例子)来论证责任不要求可供取舍的可能性。华莱士反而采取了斯特劳森所建议的方式。他关注的是让人们负责的、原谅或责备他们的**日常实践**。因此,我们就有了一种"新相容论"(一种拒绝责任要求可供取舍的可能性这一主张的理论),这种理论不同于法兰克福的理论,也不同于我们在前面的章节中所考虑的其他新相容论。

三 对反应态度相容论的挑战

这样说似乎是正确的:当我们责备或原谅人们的时候,他们的**态度**很重要。在评估责任的时候,人们是否**选择**或有意去做他们所做的事情或者**故意**和**有目的地**去做确实很重要。但是,华莱士的批评者质疑他的如下说法是否**也是**正确的:能够采取与之前不同的行为,或者具有可供取舍的可能性,与追究人们的责任、指责或原谅他们无关。由于一个人没有去做他**本来就不可能**做的事情而责备他,难道不也是**不公平**的吗?如果一个人不会游泳,我们能因为他没能救一个溺水的孩子而责备他吗?正如华莱士所说:"道德责任的条件根本不包括

112

任何可供取舍的可能性的条件。"①果真如此吗?

我们知道华莱士会如何回答:通常,当我们免除对人们的责备时,事实表明,他们实际上本来就不可能采取与之前不同的行为。但是,不能采取与之前不同的行为并不是我们原谅他们的**理由**。按照华莱士的说法,我们原谅他们的理由是,他们没有"做错任何事"。也就是说,他们没有违反我们本来就可以合理地要求他们遵守的道德义务。如果约翰无法知道莫莉希望他去接她,那么约翰在没有去接莫莉时并没有违反道德义务。因此约翰正确地宣称自己"没有做错任何事"。(当朋友或恋人吵架时,我们经常听到这种辩解!)同样,如果莫莉不会游泳,她就**没有**游到湖中央去救一个溺水者的义务。因此,她没有做这件事并不违反任何义务。

批评者说,这很公平。但是,有时候,不能采取与之前不同的行为,难道不是我们说人们没有违反道德义务,因此没有做错任何事的**理由**吗?假设一位老人在黄昏时分走在街上,看到巷子里发生了一起袭击事件。他选择不亲自去帮助受害者,他选择不去找警察或寻求别人帮助,因为他不想卷入其中。大多数人不会因为那个人没有亲自去帮助受害者而责备他,因为他又老又弱,而攻击者又年轻又强壮。他们会觉得他

---

① R. Jay Wallace, "Precis of Responsibility and the Moral Sentiments" and "Replies", *Philosophy and Phenomenological Research* 64 (2002): 681–682; 709–729; quotation, p. 681.

没有这样做的道德义务。但是,他们会因为他没有选择向警方或其他人寻求帮助而责备他,因为他似乎有这样做的义务。是什么造成了这种差异呢?不可能是他**选择**不做其中一件事,也不做另一件事。因为他自己选择不去帮助受害者,**而且**选择不去寻求帮助。不同之处似乎在于,在第一种情况下,他**本来就不能采取与之前不同的行为**(自己阻止或制止袭击),但是,在第二种情况下,他本来就能采取与之前不同的行为(他本来就可以找警察或向他人寻求帮助)。因此,我们觉得他确实有去找警察或寻求帮助的义务,他至少应该为没有这样做而受到责备。

在此类案例中起作用的原则是这样的:如果人们本来就不可能履行道德义务,那么让他们承担道德义务是不公平的。(因此,我们认为老人并不**具有**自己阻止袭击的义务,因为他本来就不能这样做。)华莱士的批评者伊西提雅克·哈吉论证说,这是一个关于让人们承担道德义务的日常实践的合理原则。① 哈吉还认为,这一原则(连同华莱士持有的其他原则)要求我们相信,如果人们本来就不能履行一项道德义务(换句话说,如果他们本来就不能做除不能履行那个义务之外的其他事情),那么指责他们未能履行那个义务就是不公平的。华莱

---

① Ishtiyaque Haji, "Compatibilist Views of Freedom and Responsibility", in Robert Kane (ed.), *The Oxford Handbook of Free Will* (Oxford: Oxford University Press, 2002), pp. 207–210.

士可能会拒斥导致这个结论的那些原则中的某一个。但是,至少从表面上看,这些原则似乎都是我们评估人们行为的**日常实践**的合理原则。因此,举证责任将落在任何反对这些原则的人身上——他们需要表明这些原则究竟是哪里错了(如果真有错的话)。

华莱士可能会做出另一个举动,即承认如下说法:能够采取与之前不同的行为,或者具有可供取舍的可能性,有时与我们对自己具有什么道德义务的判断有关。但是,华莱士可能会争辩说,如果在某种意义上我们必须能够采取与之前不同的行为才能具有一个道德义务,那么这个意义就与决定论毫无关系。说那位老人无论做什么都无法拯救被袭击的受害者或者叫来警察,就是说他缺乏做这些事情的能力。但是,我们对他是否有这些能力的判断取决于一些普通事实,比如他是否年老体弱,或者是否有手机,并且手机充电正常。华莱士可能会争辩说,确定这些普通事实是否为真,并不取决于确定决定论是否为真。然而,这种回应将我们引向对华莱士的理论的第二个可能异议,而这个异议直接涉及决定论问题。

四 "陷入圈套的犹大?"

对华莱士的理论的这个进一步的异议类似于对法兰克福和沃尔夫的新相容论的一个异议。对华莱士来说,若人们违反了一项道德义务,并且他们具有**反思性自我控制**能力,即"掌握和应用道德理由并按照这些理由来控制自己行为的能力"(这是精神失常者和严重智力障碍者不能具有的能力),他们就应受责备。但是,即使一个人的行为完全受到了他人的控制或操纵,他似乎也可能满足应受责备的这些条件。

吉迪恩·罗森以一种惊人的方式,用下面的圣经例子对华莱士的理论提出了一个这种类型的异议:

> 犹大出于贪婪和嫉妒,密谋将耶稣交给罗马人。让我们规定,这种行为是一种令人厌恶的背叛,而犹大在这样做时,拥有"看到以不同的方式行动的理由并按照这些理由行动的一般能力"。按照华莱士的说法,我们有了我们需要听到的一切。犹大要对其行为负责。为此责备他完全是公平的。
>
> 但是,现在假设整个过程都是圈套。上帝的救赎计划要求耶稣被出卖,因此他故意安排了宇宙的初始状态和自然法则,使犹大背叛他的概率为1。也就是说,通过确保犹大在这种情况下不可能在物理上行使他去做正确事情的能力……上帝不让他去行使这种能力。当我们听到这种说法时,我们很难不为最初的信念所动摇,即犹大不对其行为负责。这不仅仅是因为我们最终会认为上帝

也有责任。这个故事中的某些东西似乎为犹大开脱了罪行。①

在回应罗森的异议时,华莱士说,我们必须"把能力、才能、力量和困难这些熟悉的概念与……[在自然法则已经被给定的情况下的]物理必然性或不可能性的技术性概念区分开来"②。华莱士争辩说,当我们问犹大是否"在一般意义上"无法保持忠诚时,我们必须问这样的问题:他是出于无知而行动的吗?他是出于偶然而做了自己所做的事情吗(他有什么辩解吗)?他是疯了还是有智力障碍,抑或只是一个孩子,缺乏把握道德理由并以此控制自己行为的能力?如果所有这些问题的答案都是否定的,那么犹大在一般意义上并不缺乏在日常生活中对我们来说重要的保持忠诚的**一般能力**,因此犹大有责任。华莱士认为,若不这样想,就会把在自然法则已经被给定的情况下的不可能性与"无能、不胜任、困难和缺乏力量这些我们更熟悉的概念"混为一谈,而正是后面这些概念与使事情变得不可能或难以完成的日常条件有关。③ 他论证说,当我们责备或原谅某人时,相关的正是这些日常条件,而不是与自然法则相联系的物理上的不可能性和必然性的抽象

---

① Gideon Rosen, "The Case for Incompatibilism", *Philosophy and Phenomenological Research* 64 (2002): p. 700-708; quotation, p. 703.
② Wallace, "Precis", p. 725.
③ Wallace, "Precis", p. 725.

概念。

因此,华莱士坚持自己的立场,沿着斯特劳森的思路论证说,关于决定论的理论问题与我们追究人们责任的日常实践无关。在为斯特劳森和华莱士辩护时,我们必须承认,关于决定论的思想,例如罗森提出的那些思想,通常不会进入我们关于人们是否要对自己行为负责的日常讨论中。例如,几乎每个人都不愿意接受克拉伦斯·达罗代表洛布和利奥波德所做的辩护的含义,即既然**每个人**都是被决定的,就没有任何被告要负责任。然而,我们也很难不被罗森的直觉打动,即如果"由于与[犹大]无关的因素,[在自然法则已经被给定的情况下]他……不可能[以与他实际上采取的方式不同的方式来]行使其反思性自我控制能力",那么责备他就是"极不公平的"。如果你不能在特定情况下以不同的方式来行使反思性自我控制能力,那么拥有这种能力就够了吗?我们将在下一章讨论这个问题。

五 半相容论

我们必须考虑另一个有影响的反应态度理论,该理论至少在一定程度上重视罗森的直觉,并在这个过程中给关于自由意志的争论带来了全新的转折。这是一种被称为"半相容论"的观点,其主要倡导者是约翰·马丁·费希尔。费希尔同意华莱士和斯特劳森的观点,即负责任就是成为怨恨、赞赏、愤慨和责备之类的反应态度的适当主体。费希尔也同意华莱士的观点,即在这种反应态度意义上,道德责任不要求可供取舍的可能性,因此与决定论是相容的。但是,与华莱士或斯特劳森不同,费希尔通过诉诸法兰克福式案例而得出的结论是,责任与决定论是相容的,而不是完全依赖于让人们负责的日常实践。

然而,费希尔的观点的最显著特点是,他对不相容论者做出了一个其他相容论者都没有做出的让步。费希尔挑战了一个几乎每个人在讨论自由意志问题时都会做出的假设,即自由和责任必然是相伴而生的:自由和责任要么必须与决定论相容,要么必须不相容。我们在前面各章中的大多数讨论都做出了这个假设。但是,费希尔认为应该拒斥这个假设。他认为,**自由**要求通往未来的分岔路径,自由是选择去往其中一条道路的力量,因此自由要求可供取舍的可能性。此外,费希尔被后果论证说服,认为决定论排除了可供取舍的可能性。因此,他得出的结论是,**自由**(在要求可供取舍的可能性的意义上)与决定论不相容。但是,责任是另一回事。对法兰克福式案例的反思以及其他相关的考虑导致费希尔认为,责任不要求可供取舍的可能性,因此责任与决定论是相容的。因此,费希尔给他的观点起了"半相容论"这个名字:责任与决定论相容,但自由(在要求可供取舍的可能性的意义上)与决定论

第十章 反应态度理论

不相容。

有些人被第三章中的后果论证以及认为自由与决定论不相容的其他考虑说服，但也被第八章中的法兰克福式案例以及认为责任与决定论相容的其他考虑说服，对他们来说，费希尔的半相容论很有吸引力。他们会陷入一个两难境地——既要有一些支持不相容论的可靠论证，又要有一些支持相容论的可靠论证。但是，只有当人们假设自由和责任必然相伴而生，因此二者必须与决定论相容，或者都不相容时，这才是一个问题。半相容论的观点要我们质疑这一假设。

然而，为了捍卫半相容论，费希尔必须处理一个对责任持有相容论立场的人（例如法兰克福和华莱士）也必须回答的问题：如果责任不要求可供取舍的可能性，或者说不要求可以自由地采取与之前不同的行为，那么责任要求什么？简而言之，费希尔的回答是，责任要求**控制**。为了对自己的行为负责，人们必须控制自己的行为。但是，按照费希尔的说法，有两种控制：**调节性控制**和**引导性控制**。调节性控制要求可供取舍的可能性，而引导性控制并不需要；引导性控制才是责任所需的。

为了阐明这两种控制之间的差别，假设玛丽正在开车并来到一个十字路口。玛丽所不知道的是，她的车的转向机制已经被暂时锁定，因此汽车只能向左转；它不会右转，也不会直行。然而，碰巧的是，玛丽无论如何都打算向左转，因为她打算去一家需要向左转才能到达的购物中心。因此她确实向左转了。对于自己究竟要转向哪条路,玛丽没有进行**调节性**控制,因为她没有可供取舍的可能性:她既不能右转,也不能直行。不过,费希尔认为,她确实进行了**引导性**控制,因为她故意把车"引导"到左边。按照费希尔的说法,这种引导性控制就是一个人承担责任所需的。玛丽对将她的车导向左转负责,因为她自己通过向那个方向转动方向盘来做到这一点,即使她本来就不可能采取其他行动(因为转向机制被锁住了)。例如,如果她在左转时撞到了一个行人,她可能会因此而受到指责,因为她选择了左转,并故意继续转弯。

请注意,这条推理路线与华莱士的相似:责任与我们自己**选择**做什么或出于自己的考虑**故意**做什么有关,而不是与我们是否本来就能采取与之前不同的行为有关。但是,也要注意,这个推理也类似于法兰克福式案例:除了向左转,玛丽本来就不能采取其他行动,因为被锁住的方向盘不允许她采取其他行动。但是,这个限制实际上并没有发挥作用,因为她自己选择了左转。因此,按照费希尔的说法,引导性控制就是我们承担责任所需的,它不要求可供取舍的可能性。相比之下,**自由**确实要求调节性控制或者说采取其他行动的可能性。直观上说,玛丽不能**自由地**向右转或直行。她不具有或是向右转或是直行的力量。因此她没有进行调节性控制。然而,她要对左转**负责**,因为她能够把车引向左边,而且是故意这样做的。

但是,如果引导性控制并不要求采取其他行动的实际力量,那么它要求什么呢?在与另一位半相容论者马克·拉维扎合著的一本书中,费希尔提出了如下观点:引导性控制要求**回应理由**。① 首先,费希尔和拉维扎论证说,只有当行动者出于理由或动机来行动,能够按照其理由或动机来引导其行为时,他们才会进行引导性控制。因此,玛丽有一个向左转的理由(她想去购物中心),她按照这个理由来引导自己的行为。这就是她向左转的原因,她并非本来就别无选择。这对于引导性控制是必要的,但还不够。强迫症患者、成瘾者和神经症患者也会按照他们的理由或动机来引导自己的行为。但他们无法抵制这样做,即使他们有充分的理由不这样做。因此,按照费希尔和拉维扎的说法,强迫症患者、成瘾者和神经症患者并不是用引导性控制和责任所要求的那种方式来"回应理由"。

为了看到回应理由和引导性控制还要求什么,我们必须想象一下要是方向盘没有被锁住会发生什么。这样一来,如果玛丽本来就有不同的理由(例如,她认为购物中心在右边而不是左边),那么她可能本来就会向右转而不是向左转;她的行为就会**回应**她的理由中的一个差别。但是,另一方面,如果

---

① John Martin Fischer and Mark Ravizza, *Responsibility and Control* (Cambridge: Cambridge University Press, 1998).

她向左转是强制性的,那么即使她有充分的理由向右转,她也无法抵制向左转;她的行为不会回应她的理由中的一个差别,她也不会进行真正的引导性控制。当然,事实上,她本来无论如何都不可能向右转,因为方向盘被锁住了。因此,为了确定她是否进行了引导性控制并回应理由,我们必须在我们的想象中**排除**方向盘被锁住的事实,**然后**问会发生什么。如果玛丽本来就会回应不同的理由并向右转(如果方向盘没有被锁住的话),那么她就进行了引导性控制并负有责任。如果她本来无论如何都会强制性地向左转,那么她就没有进行引导性控制。

如果费希尔和拉维扎在认为责任只需要上述意义上的引导性控制方面是正确的,那么责任就不要求可供取舍的可能性。即使玛丽是负责任的,因为她回应理由,不是在强制性地向左转,但她本来就不可能采取其他行动(因为方向盘实际上被锁住了)。因此,责任与决定论是相容的。但是,这样一来,费希尔和拉维扎的半相容论观点难道不会受制于罗森的异议吗?犹大能够理解背叛耶稣的理由,并能够按照这些理由来引导和控制自己的行为。因此,在费希尔和拉维扎的意义上,犹大似乎本来就进行了引导性控制,因此他要对自己的行为负责,尽管他本来就不可能采取其他行动,因为上帝安排了整件事,以至犹大会严格按照他实际上行动的方式去行动。

费希尔和拉维扎没有直接回答罗森的异议。但他们坚持认为,一个人在行为上是不是在他人的设计或操纵下形成某种思想模式,对责任来说往往**确实**很重要。例如,他们反对像法兰克福这样的相容论者,后者认为责任的**历史**条件(例如人们是如何具有他们确实具有的理由或动机的)在判断人们是否负有责任时并不重要。但是,费希尔和拉维扎也认为,被其他行动者(比如斯金纳的《瓦尔登湖第二》中的行为工程师)操纵或控制与只是被决定不是同一回事。因此,他们回到了一个熟悉的古典相容论区分:被其他行动者完全控制可能排除了责任,但在不**被其他行动者**控制的情况下,**决定论本身**并不排除我们的责任。也许所有的相容论者都必须做出这样的区分。但是,要如何做出这个区分呢?

费希尔和拉维扎回答说,除了"回应理由",引导性控制还要求行动者对他们确实据以行动的动机"承担责任",因此将自己视为反应态度的公平目标。例如,假设瓦尔登湖第二的居民说:"我们知道我们的行为已经被改造成了现在的样子。但我们就是喜欢自己现在的样子,我们对自己的行为负责,并希望被认为要负责。"既然他们已经为自己成为的样子承担了个人责任,从那时起,"让"他们对其所作所为负责难道不是恰当的吗?因此,照他们的话说,让他们负责似乎确实是有道理的。但是,费希尔和拉维扎面临另一个问题。假设瓦尔登湖第二的居民**也**以这种方式在行为上被设计或操纵来为自己"承担责任"。我们可能很想知道,在这种情况下,他们是否仍然要负责任。费希尔和拉维扎承认,人也有可能被设计来承担责任。[1] 因此,他们承认,他们的"承担责任"概念是不完整的,需要进一步发展。但是,他们确信,行动者对自己成为的样子"承担责任"的想法,加上回应理由和引导性控制的概念,是理解责任在根本上如何与决定论相协调的关键。

建议阅读材料

彼得·斯特劳森的那篇著名文章收录在如下两个文集中:Gary Watson (ed.), *Free Will*, 2nd ed. (Oxford, 2003); Laura Waddell Ekstrom (ed.), *Agency and Responsibility: Essays on the Metaphysics of Freedom* (Westview, 2000)。华莱士的反应态度观点在如下著作中得到发展:R. Jay Wallace, *Responsibility and the Moral Sentiments* (Harvard, 1994)。费希尔在如下论著中发展了其半相容论:John M. Fischer, *The Metaphysics of Free Will: A Study of Control* (Blackwell, 1994); John M. Fischer and Mark Ravizza, *Responsibility and Control: A Theory of Moral Responsibility* (Cambridge, 1998)。在前面两章中,我们只考虑了新相容论观点的一些样本。在如下文集中,Tomis Kapitan、Bernard Berofsky、Ishtiyaque Haji、Paul Russell 以及

---

[1] Fischer and Ravizza, *Responsibility and Control*, p. 229.

Christopher Taylor 和 Daniel Dennett 的文章都讨论了许多其他不同的现代相容论观点：Robert Kane (ed.) , *The Oxford Handbook of Free Will* (Oxford, 2002) 。

第十一章　终极责任

一　自由意志的两个条件：可供取舍的可能性和终极责任

前两章描述了相容论者的一些最新尝试。他们做出这些尝试，是为了回应对其观点的批评，并对相容论的自由意志和责任提出更精当的阐述。现在是时候回到不相容论者或意志自由论者这里，并询问他们如何处理我们在第四章至第六章中所讨论的对其自由意志理论的反对意见。正如我们在第四章中所指出的，意志自由论者为了捍卫其观点，必须解决两个问题。他们必须想办法爬上不相容之山，然后从另一边下来。上山问题在于表明自由意志与决定论不相容。下山问题在于表明一种要求非决定论或偶然性的自由意志如何可以得到理解，以及这种自由意志如何有可能存在于真实世界中。在本章和下一章中,我们将从上山问题开始,再次审视这两个问题。

回想一下第一章,有两个理由导致人们相信自由意志必定与决定论不相容。第一,自由意志似乎要求我们面前有**开放的选择**或**可供取舍的可能性**——一个有分岔路径的花园,而我们从这些选项中选择哪一个乃是"由我们来决定的"。第二,自由意志似乎也要求我们行动的来源或起源"在我们当中",而不是在我们之外和在我们无法控制的其他东西(例如命运的判决、上帝的预定行为,或者先行的原因和自然法则)当中。这两个要求似乎都与决定论相冲突。

然而,到目前为止,我们的注意力几乎完全集中在第一个要求上,即"可供取舍的可能性"(AP)要求。相比之下,我们很少谈到第一章所提到的自由意志的第二个要求,即我们行动的来源或起源必须在我们当中,而不是在某种其他东西当中。现在是弥补这一疏漏的时候了。因为我们可以认为自由意志的第二个要求甚至比可供取舍的可能性(AP)更重要,理由是,它能够解决关于自由意志和决定论的问题。正如我们将在本章看到的,具有可供取舍的可能性对于自由意志来说是不够的,哪怕可供取舍的可能性是未被决定的。因此,可供取舍的可能性,或者说采取与之前不同的行为的能力,可能提供了一个过于单薄的基础,不足以提供论据来支持不相容论立场:有理由相信,自由意志与决定论的不相容性不能仅仅通过关注可供取舍的可能性来确定。

很幸运,我们还可以在另一个地方寻找论据。在关于自由意志的争论的漫长历史中,还有一个标准助长了关于自由意志与决定论不相容的直觉。这个标准与第一章提到的自由意志的第二个要求有关,即我们行动的来源或起源在我们当中,而不是在某种其他东西当中。我把自由意志的第二个标准称为"终极责任(Ultimate Responsibility)条件",简称 UR。基本思想是这样的:为了**最终**对一个行动**负责**,行动者必须对任何足以导致该行动发生的理由、原因或动机负责。例如,如果一个选择是由行动者的品格和动机(以及背景条件)引起的,而且可以被这些东西充分解释,那么为了**最终**对这个选择负责,行动者必须在一定程度上因为过去做出的选择或执行的行动而对他现在拥有的品格和动机负责。比较亚里士多德的主张:如果一个人要对缘于其品格的善良行为或邪恶行为负责,那么他必定已经在过去的某个时间,对产生那些行为的善良品格或邪恶品格负责。

因比,我们说,即使路德的声明"这就是我的立场,我别无选择"是由他当时的品格和动机决定的,但路德仍然可以对其声明负责,因为他对在过去通过许多早期的斗争和选择来形成他现在的品格和动机负责,而正是那些斗争和选择使他走到这一步。我们经常按照一个已经形成的意志来行动,但是,既然这个意志是我们通过过去的自由选择和行动形成的,它就是我们自己的自由意志。这就是终极责任条件背后的思想。这个条件并不排除这样一种可能性:我们的选择和行动是由我们的意志、品格和动机来决定的。但是,它确实要求,每当我们被如此决定而行动时,为了**最终**对我们是什么负责,为了具有自由意志,我们必须对形成那些现在决定我们行为的意志或品格负责。

哥伦拜恩高中的杀手,哈里斯和克莱伯德,可能是被他们的意志和品格决定,在那个致命的日子在学校做了自己所做之事。但是,只要他们的意志和品格是由他们自己先前的选择和行动形成的,而不只是由社会、基因或者他们无法控制的其他因素形成的,他们最终还是要对自己的行为负责。

二 一种倒退？终极责任与决定论

因此,终极责任条件阐明了一些经常隐藏在自由意志争论中的东西,即如下事实:与单纯的行动自由相比,自由意志关系到品格和动机的形成和塑造,而品格和动机是值得赞扬或应受责备的行动的**来源**或**起源**。如果人们对邪恶的(或者高尚的、可耻的、英勇的、慷慨的、奸诈的、善良的、残忍的)行为负责,那么他们必须在某种程度上对导致这些行为的意志负责。

但是,不需要多大的洞察力就能看出,终极责任条件也是成问题的。因为它似乎会导致一种倒退。我们来追溯一下这种倒退:如果我们必须通过过去的自愿选择或行动来形成我们现在的意志(我们的品格和动机)……那么……终极责任就要求,如果这些早期的选择或行动中的任何一个在我们执行**它们**的时候**也**有充分的原因或动机……那么……我们也必须对那些早期的充分原因或动机负责,因为它们是由更早的自愿选择或行动形成的。这样一来,我们就会无限地退回到我们的过去。最终,我们会进入婴儿期或出生前的一段时间,而那时我们本来就不能形成自己的意志。

我们在第七章看到,这种倒退在反对意志自由论的自由意志的怀疑论论证(比如盖伦·斯特劳森的基本论证)中发挥了作用。这种怀疑论论证向我们表明,这里有一个**可能是恶性的倒退**,但是,只有当我们过去的**每一个**自愿选择和行动都有其发生的充分原因或动机时,它才是一种真正的恶性倒退。在这种情况下,这种倒退就会继续下去,要求我们对那些充分的原因或动机负责。因此,那个潜在的倒退告诉我们,只有当我们生活史中的**某些**自愿选择或行动没有充分的原因或动机,要求我们通过更早的选择和行动来形成它们时,自由意志才是可能的。

终极责任与决定论的联系就在这里出现了。**如果**决定论是真的,那么在自然法则被给定的情况下,**每一个**行为在过去都有充分的原因。因此,那个潜在的倒退告诉我们,**如果**自由意志在终极责任条件的意义上要求终极责任,那么**自由意志**

第十一章 终极责任

必定与决定论不相容。如果我们要成为我们自己的意志的**最终**来源或根据,并因此最终对我们自己的意志负责,那么在我们的生活史中,某些行为的选择就必须缺乏充分原因,因此必须是未被决定的。

现在看来,终极责任条件背后的那个概念,即成为一个人自己的意志的"最终来源或根据",也许是不连贯和不可能的。我们在第七章中看到,自由意志的怀疑论者,例如尼采和盖伦·斯特劳森,认为这样一个概念是不连贯和不可能的,因为它会要求一个人成为一个"不被推动的第一推动者"或"自身的无前因的原因",也就是说,成为一个自因——怀疑论者会认为这是荒谬的。但是,不管人们是否能够理解成为自己意志的终极来源这一概念,从前面的论证中可以清楚地看出:如果自由意志要求这样一个观念,那么自由意志就不得不与决定论不相容。

这种从终极责任角度对不相容论进行的论证有一个重要特征,即它没有提到**可供取舍的可能性**条件。从终极责任角度对不相容论进行的论证关注的是我们的实际行为的**来源**、**根据**或**起源**,而不是我们采取与之前不同的行为的能力。当一个人从可供取舍的可能性的角度来论证自由意志与决定论不相容时,正如我们已经看到的,关注的焦点是"必然性""可能性""力量""能力""能够"和"本来就能采取与之前不同的行为"之类的概念。相比之下,从终极责任角度提出的论证则侧重于一套不同的关注点——我们的意志、品格和目的的"来源""根据""理由"和"解释"。我们的动机和目的从何而来？谁产生了它们？谁要对它们负责？是我们自己对塑造我们的品格和目的负责，还是别人或别的东西——上帝、命运、遗传和环境、自然或教养、社会或文化、行为工程师或隐藏的控制者？这就是传统自由意志问题的核心所在。

亚里士多德说，形而上学（哲学的核心分支）的目标是发现所有事物的"来源"或"根据"（希腊语中的 *archai*）和"理由"或"解释"（希腊语中的 *aitiai*）。从这个意义上说，自由意志问题归根结底是形而上学问题，因为它关涉宇宙中一些对我们最重要的事情（我们自己的选择和行动）的**来源**和**理由**。为了拥有自由意志，这些选择和行动必须"由我们来决定"。正如亚里士多德所说，行动"由我们来决定"这一概念是与如下观念相联系的：行动的"起源"（*arche*）是"在我们当中"，而不是在其他东西当中。这就是终极责任概念所要表达的思想。

三　奥斯丁式案例

但是，如果人们可以直接从终极责任角度来论证不相容论，这是否意味着可供取舍的可能性与自由意志无关，或者自由意志与决定论的不相容性问题无关？我们已经看到，许多**相容论者**，比如法兰克福，认为可供取舍的可能性与自由意志

第十一章 终极责任

无关。令人惊讶的是，事实上一些不相容论者也认为可供取舍的可能性是与自由意志无关的，因为他们认为自由意志与决定论的不相容性的来源是终极责任，而不是可供取舍的可能性。① 但是，因为涉及终极责任就推断可供取舍的可能性与自由意志问题或者不相容性问题完全无关，这将是一个错误。因为终极责任不只要求非决定论，正如我们刚刚看到的。事实上，至少对一个行动者生活史中的**某些**行为来说，终极责任也要求可供取舍的可能性。终极责任和可供取舍的可能性毕竟是相联系的，二者都与自由意志有关。实际上，正如我们将会看到的，自由意志的这两个关键标准之间的联系是一种有趣且不同寻常的联系，它向我们展示了一些我们以前没有讨论过的、关于自由意志问题的重要事情。

为了理解可供取舍的可能性和终极责任之间的联系，我们必须回到本章前面提出的一个主张——拥有可供取舍的可能性对自由意志来说并不**充分**，哪怕可供取舍的可能性是未被决定的。一些不相容论者已经认为，自由意志所需的只是可供取舍的可能性**加上**非决定论，换句话说，我们能够以一种不是由我们的过去来决定的方式采取与之前不同的行为，这对自由意志来说是充分的。

然而，即使这两个要求（可供取舍的可能性和非决定论）

---

① 采取这条思路的不相容论者被称为"来源的不相容论者"。

对自由意志来说都是必要的,我们也可以表明,哪怕是把它们放在一起考虑,它们也是不充分的。因为有一些可能行动的例子,在其中,行动者具有可供取舍的可能性,而且这些行动是未被决定的,**但行动者缺乏自由意志**。我把这种行动的例子称为"奥斯丁式案例",以英国哲学家约翰·奥斯丁的名字为其命名,他首次把这样一个例子引入自由意志的讨论。① 不过,即便是奥斯丁自己也没有预料到这些奥斯丁式案例对自由意志问题的影响。

在这里,我们将三个奥斯丁式案例当作例证。第一个例子是奥斯丁自己提出的。他想象为了赢得一场高尔夫球比赛,他就需要在 3 英尺(91.44 厘米)远的地方推杆进洞,但由于他的手臂抽搐,他推杆失误了。另外两个例子是我自己的。一名刺客试图用一把高能步枪刺杀首相,但由于他的手臂抽搐,他没有击中首相,而是杀死了首相助理。第三个例子是这样的:我正站在一台咖啡机前,打算按下黑咖啡的按钮,但由于大脑混乱,我不小心按下了加奶咖啡的按钮。在每一个例子中,我们都可以假设,正如奥斯丁所建议的那样,其中涉及真正的偶然性或非决定论的因素。也许奥斯丁和刺客的手臂抽搐以及我大脑中的神经抽搐是由我们神经系统中实际上未被决定的量子跃迁引起的,因此,我们可以想象奥斯丁的推杆

---

① J. L. Austin, "If and Cans", in J. O. Urmson and G. Warnock (eds.), *Philosophical Papers* (Oxford: Oxford University Press, Clarendon Press, 1961), pp. 153–180.

是一个真正未被决定的事件。他可能是偶然失误了,而且,在这个例子中,他确实是偶然失误了。(同样,刺客可能偶然击中错误目标,我也可能偶然按错按钮。)

现在,奥斯丁针对其例子提出了如下问题:在这种情况下,我们是否可以说,除了推杆失误,"他本来就可以采取与之前不同的行为"?奥斯丁的回答是,我们确实可以说,除了推杆失误,他本来就可以采取与之前不同的行为,因为在过去,他已经成功地把这种短距离的球轻击入洞(他有能力和机会把球轻击入洞)。但是,甚至更重要的是,既然这次推杆的结果是真正**未被决定的**,他本来很可能会成功地把球轻击入洞并赢得这场高尔夫球比赛,就像他尝试做的那样,而不是发生失误。

但是,这意味着我们有一个具有如下两个特征的行动(推杆失误):第一,它是未被决定的,因此,第二,行动者本来就可以采取与之前不同的行为。(换句话说,我们有非决定论**加上可供取舍的可能性**。)然而,在"自由行动"这个术语的任何正常意义上,我们都不认为推杆失误是被自由地做的,因为它不在行动者的自愿控制下。奥斯丁就是推杆失误了,他本来可以把球轻击进洞——他本来就可以采取与之前不同的行为。但是,他不是**自愿地**、**自由地**推杆失误。他并未选择推杆失误。同样的说法也适用于刺客刺杀首相失误但杀死了助理以及我意外地按错了咖啡机的按钮。我们俩本来都可以采取与之前不同的行为（刺客本来可以击中目标，而我本来可以按下正确的按钮），因为我们的行动是未被决定的，它们本来可以走向另一个方向。然而，刺客不是自愿错失其目标，这也不是他自己的自由选择的结果；我不是自愿按错按钮，这也不是我自己的自由选择的结果。

人们或许忍不住认为，这三件事情（推杆失误、误杀助理、按错按钮）在这种情况下根本就不是**行动**，因为它们是未被决定的和偶然发生的。但是，奥斯丁正确地警告：不要得出这样的结论。他说，推杆失误显然是他做的事情，虽然不是他想要做或选择去做的事情。同样，误杀助理也是刺客做的事情，虽然是无意做的；按错按钮是我所做的事情，即使只是偶然地或无意地做的。奥斯丁的要点是，我们做的许多事情，无论是**偶然**或**错误地**做的，还是**无意**或**不经意地**做的，都是我们**所做**的事情。我们有时可能会被免除做这些事情的责任（尽管并非总是如此，就像在刺客的案例中那样）。但是，正是因为做了这些事情，我们才被免除了责任；这个说法可以是正确的，即使事故或错误是真正未被决定的。

四　设定意志与 K 世界

但是，我们现在可以从这些奥斯丁式案例中得出一个奥斯丁自己都没有想到的进一步的结论。这些例子也表明，可供取舍的可能性加上非决定论对**自由意志**来说并不充分,即使它们对自由意志来说是必要的。为了明白为什么,请考虑如下场景。假设上帝创造了一个世界,其中有相当多的那种出现在奥斯丁式案例中的非决定论。机遇在那个世界中发挥重要作用,无论是在人类事务中,还是在自然界中。人们开始做事情,而且经常会取得成功,但有时他们会以奥斯丁式的方式失败。他们的目标是杀死首相、推杆进洞、按咖啡机按钮、穿针引线、敲击电脑键盘、翻墙等等——他们通常会取得成功,但有时也会以未被决定的方式,因失误或意外而失败。

  现在再进一步想象一下,在那个世界中,所有行动者的所有行动,不管是否成功地实现了目标,都具有这样一个特征:他们就像他们所做的那样尝试行动的理由、动机和目的,都总是由上帝预先决定或设定好的。不管刺客有没有击中首相,他刺杀首相的意图首先是上帝预先决定的。不管奥斯丁有没有推杆失误,他想要和尝试把球轻击入洞而不是失误是上帝预定的。不管我是否错按了加奶咖啡的按钮,我想按下黑咖啡的按钮是上帝预先安排好的。在这个想象的世界里,所有的人和他们的行动也都是如此。他们像这样行动的理由、动机和目的,都总是上帝预先决定的。

  我会认为,在这样一个世界中,人们缺乏自由**意志**,即使情况经常是这样的:他们能够以一种未被决定的方式采取与之前不同的行为——因此具有可供取舍的可能性。理由是,他们能够采取与之前不同的行为,但只能以那种有限的奥斯丁式的方式——错误地或意外地,不情愿地或无意地。他们在任何意义上都不能做的是,**执意去做**除他们实际上所做的事情之外的其他事情;因为他们的一切理由、动机和目的都是上帝预先设定好的。我们可以说,在这个世界中,在人们行动之前和行动时,他们的意志就总是已经"以一种方式被设定好了",因此,如果他们不这样做,那就不会"合乎他们的意志"。在这样的世界里,人们可以用未被决定的方式行动,却缺乏自由意志。既然这种世界没有名字,我们不妨将它称为"K世界"。

K世界的可能性以一种惊人的方式表明,为什么为了拥有自由意志,一个人不仅需要成为自己**行动**的终极来源,还需要成为自己执行这些行动的**意志**的终极来源。如果行动者的一切动机和目的都是由某人或某种其他东西(上帝、命运等)创造出来的,那么,即使行动者可以不受阻碍地追求其动机和目的,那也不足以让他们具有自由意志。在这样一个世界中,甚至一个人想要改变自己的动机或目的的动机或目的也会是由某人或某种其他东西创造出来的。

现在,事实表明,终极责任条件抓住了成为自己**意志**的终极来源这一额外要求,而这个要求是K世界所缺乏的。因为终极责任条件所说的是,对于任何作为我们实际上采取的行动的一个充分原因、充分**理由**或**动机**的东西来说,我们必须凭借我们的自愿行动对这种东西负责。在我们行动之前和行动之时,当我们的意志是"以一种方式被设定"来做某件事的时候,比如当刺客的意志被设定为杀死首相的时候,我们就有一个充分的动机或理由去做那件事。在他有可能做的可以做到的事情中,只有一件(刺杀首相)会是自愿的和故意的。他可能做的任何其他事情(比如错过首相而误杀其助理)都只会是意外地或错误地做的,或者是无意地或不情愿地做的。

但是,终极责任条件说,如果你的意志是"以一种方式被设定"去做某件事,而不是其他任何事情,并在这个意义上有一个充分的动机做那件事,那么为了最终对你的**意志**负责,你必须在某种程度上凭借过去的自愿行动对你的意志以这种方式**被设定**负责。这一点很重要,因为当我们审视刺客对其所作所为的责任时,我们审视的是他的邪恶动机和意图。不管他是成功杀死首相,还是失败转而杀死助理,他的动机和意图都是他内疚的根源。我们假设,路德也有一个充分的动机发表他最后的声明,"这就是我的立场",因为他的意志被坚定地设定来发表这项声明。然而,我们说过,如果路德的意志在他做出声明的那个时刻已经以一种方式被坚定地设定了,那么,**只要他对他的意志以这种方式被设定负责**,他的意志被设定为这样的状态就算不上对其终极责任不利。这就是终极责任条件所要求的。

但是,现在看来,我们好像面临另一种倒退。如果在我们执行我们**由此**而设定我们目前的意志的早期自愿行动时,我们的意志就已经以一种方式被设定了,那么终极责任就要求我们必须凭借更早期的自愿行动来对我们的意志被设定成它们早期的样子负责,以此类推。但是,这又只是一种**潜在的**倒退。我们可以通过假设行动者在历史上采取的某些行动缺乏**充分原因**来终止前面第三节所讨论的倒退,与此类似,我们也可以通过假设行动者过去所采取的某些行动缺乏**充分的动机**来阻止这种倒退。缺乏充分动机的行动就是这样的行动,其中,在行动者执行这些行动之前,其意志还没有以一种方式被设定。相反,行动者会在执行这些行动本身的过程中以这样或那样的方式设定自己的意志。

我们可以把行动者在执行这些行动本身的过程中以这样或那样的方式来"设定意志"的行动称为"设定意志的行动"。例如,设定意志的行动在下面这种情况下就会发生:行动者在两个或多个相互竞争的选项之间做出选择或决定,而且,在经过全面考虑后,他们并未确定他们更想要哪个选项,直到选择或决定本身出现。因此,他们是在进行选择的活动本身当中,而不是在此前,以这样或那样的方式"设定"他们的意志。为了阻止充分动机的倒退,我们就只能假设,行动者过去的一些自愿行动在这个意义上是在**设定意志**,而不是已经**被意志设定**。如果所有行动都像刺客刺杀首相一样,体现了行动者的意志已经以一种方式被设定的情况,那么我们就必须问行动者的意志是如何以那种方式被(行动者或者某种其他东西)设

第十一章 终极责任

定的,而且那种倒退就会继续向后发展。因此,如果我们要在根本上对我们的意志和行动负责,正如自由意志所要求的那样,那么我们生活中的一些行动就必须缺乏充分**动机**以及充分**原因**。它们必须是还没有被意志设定的设定意志的行动。

五 多元性条件

对设定意志的行动的需要告诉了我们一些关于自由意志的进一步的东西。当我们想知道行动者是否有意志自由(而不仅仅是行动自由)时,我们感兴趣的不仅是他们是否本来就可以采取与之前不同的行为——即使采取与之前不同的行为是未被决定的,还有他们是否本来就可以**自愿地**(或有意愿地)、**有意地**和**理性地**采取与之前不同的行为。或者,更笼统地说,我们感兴趣的是他们是否本来就能以**不止一种方式**自愿地、有意地和理性地行动,而不是**只以一种方式**自愿地、有意地和理性地行动,以及只是偶然地或错误地、无意地或非理性地行动,就像我们在奥斯丁式案例中所看到的那样。(在这里,"自愿地"指的是"按照自己的意志";"有意地"指的是"已知地"和"有目的地";而"理性地"指的是"有充分的理由行动并出于这些理由而行动"。)

让我们用"多元性条件"这个术语来描述这些对**不止一种方式**(或者说多重方式)的自愿性、合理性和意向性的要求。

231

这种多元性条件似乎深深地体现在我们关于自由选择和自由行动的直觉中。我们大多数人都会自然地假设,如果情况总是如此,即我们只能出于偶然或错误、无意地或不自愿地采取与之前不同的行为,那么我们就会缺乏自由和责任。自由意志似乎要求,如果我们自愿、有意和理性地行动,那么我们本来也可以自愿、有意和理性地采取与之前不同的行为。但是,**为什么**我们如此轻易地假设这一点呢?为什么这些多元性条件如此深刻地体现在我们对自由意志的直觉中呢?

上一节从终极责任角度提出的论证提供了线索。如果(1)自由意志要求(2)对我们的意志和我们的行为负有终极责任,那么它就要求(3)在我们生活中的某些时刻有设定意志的行动;设定意志的行动要求(4)这些多元性条件。为了明白设定意志的行动为什么需要这些多元性条件,考虑一下刺客例子的一个变体,这个变体将使他选择杀死首相成为一个设定意志的行动。假设在扣动扳机之前,刺客对自己的任务产生了怀疑。良心的内疚在他心中油然而生,一场真正的内心斗争随之而来,那就是是否要继续杀人。现在,在他的思想面前,有不止一个动机上有意义的选项。因此,他的意志不再是明确地以一种方式设定的(他不再确定自己是否想扣动扳机);只有通过有意识地决定并因此在一个方向或另一个方向上设定他的意志,他才会以这样或那样的方式解决问题。与最初的刺客案例不同的是,在这种情况下,两种结果都不是单纯的意外或错误;这两种结果都是一种自愿和有意的决定——要么决定继续杀人,要么决定停止杀人。因此,设定意志的行动**无论走向何方**都是自愿的、有意的和理性的,它们满足多元性条件。

因此我们有了如下推理链:(1)**自由意志**要求(2)对我们的意志和行动负有**终极责任**,而这要求(3)在我们生活中的某些时刻有**设定意志**的行动,这又要求我们的一些行动必须满足(4)**多元性条件**。但是,如果行动满足多元性条件,那么行动者本来就可以自愿地、有意地、理性地采取与之前不同的行为,而这就要求(5)行动者**本来就可以采取与之前不同的行为**或者说具有可供取舍的可能性。

这就是终极责任和可供取舍的可能性之间的联系之所在。如果自由意志在终极责任条件的意义上要求终极责任,那么在我们的生活史中,至少某些行动必须是这样,以至我们本来就可以不这样做。然而,请注意,这种从自由意志到可供取舍的可能性的论证并不是直接的。它**经历**了终极责任、设定意志和多元性,终极责任是关键,因为正是终极责任蕴含了设定意志和多元性,如果我们要在根本上对自己的意志负责,我们的一些行动必须是这样,以至我们本来就可以采取与之前不同的行为,**因为**在那些行动中,一些行动必定已经是这样,以至我们本来就可以自愿地、有意地、理性地采取与之前不同的行为。

六　形塑自我的行动与自由意志的双重倒退

因此,终极责任条件既蕴含非决定论,也蕴含可供取舍的可能性。但是,它是通过不同的论证途径而蕴含它们的。这里涉及两种不同的倒退。第一种倒退从终极责任的要求开始,即行动者要通过过去的自愿行动对任何作为其行动的**充分原因**的东西负责。阻止这种倒退需要如下条件:行动者若要有自由意志,其生活史中的一些行动必须是未被决定的(必须缺乏充分的原因)。第二种倒退开始于这样一个要求:行动者要通过过去的自愿行动对任何作为其行动的一个充分**动机**或理由的东西负责。阻止这种退化需要如下条件:行动者生活史中的一些行动必须是在设定意志(因此它们不具有已经被设定的充分动机),因此必须满足多元性条件。这些行动将是这样的,以至行动者本来就可以采取与之前不同的行为,或者本来就具有可供取舍的可能性。

这两种倒退中的第一种源于一个要求,即我们必须是我们的**行动**的最终来源;第二种倒退源于如下要求:我们必须是我们(执行这些行动)的**意志**的最终来源。若不补充第二个条件,我们可能就会具有这样的世界,在其中,所有的意志设定都是由除行动者自己之外的某个人或某种东西完成的,比如在想象的 K 世界中,所有的意志设定都是由上帝完成的。在这样一个世界里,行动者可能会不受阻碍地追求其目的或目标,但他们要追求什么目的或目标这件事永远不会"由他们来决定"。他们会有一定程度的行动自由,但没有意志自由。你可能还记得,瓦尔登湖第二的令人担忧之处在于,虽然那里的人有很大的自由去追求他们的目的,但他们的所有目的都是由其他人即行为控制者设计好的。

有人可能会说,拥有终极责任所要求的那种意义上的自由意志,就是至少成为自己的某些目的的终极设计者。而要成为这样一个设计者,我们生活史中的一些行动必须既是设定意志的,又是未被决定的。① 我们可以把这些未被决定的、设定意志的行动称为"**形塑自我的行动**",因为它们将是我们生活中的这样一种行动:通过这种行动,我们形塑了我们的品格和动机(我们的意志),并使我们成为我们所成为的那种人。**我们出于自己的自由意志**而做的所有行动不一定都是这种未被决定的形塑自我的行动。(路德的"这就是我的立场"可能本来就是出于"他自己的自由意志"说出来的,即使在说出这句话时,他的意志已经被设定了。)但是,如果我们一生中都没有这种未被决定的形塑自我或设定意志的行动,那么我们的意志就不会是我们自己的自由意志,我们就不会对我们所做

---

① 我在如下文章中提供了一个论证来表明,这两种倒退最终汇聚到**同样**的行动,即我所说的"形塑自我的行动",这些行动必须既是设定意志的,又是未被决定的: Robert Kane, "The Dual Regress of Free Will", *Philosophical Perspectives*, vol. 14 (Oxford: Blackwell Publishers, 2000)。

的任何事情最终负责。

本章考虑了对自由意志与决定论的不相容性的另一种论证,这种论证并不依赖于可供取舍的可能性本身,而是依赖于第一章提到的自由意志的第二个标准,即如下要求:我们的目的和行动的**来源**或**起源**最终"在我们当中",而不是在某种其他东西当中。这一要求是按照终极责任的一个条件来详细解释的。然而,终极责任的这样的条件是一个极其强的条件。它是人类实际上能够拥有的东西,还是一个不可能实现的理想?我们将在下一章讨论这个问题。

建议阅读材料

本章所介绍的对终极责任的论述在我的如下著作中得到了进一步发展:Robert Kane, *The Significance of Free Will* (Oxford, 1996)。一些作者从不同的角度讨论了终极责任,比如 Martha Klein, *Determinism, Blameworthiness and Deprivation* (Oxford, 1990); Galen Strawson, "The Bounds of Freedom", in Robert Kane (ed.), *The Oxford Handbook of Free Will* (Oxford, 2002); Derk Pereboom, *Living Without Free Will* (Cambridge, 2001)。这三位作者都认为终极责任可能是自由意志所要求的,但他们论证说,终极责任是一个不可能的理想或者不可能得到实现。因此他们对本章和下一章介绍的观点提出了一个挑战。

第十二章　自由意志与现代科学

一　引言

我们能够理解一种要求前一章所描述的那种终极责任的自由意志吗？许多哲学家认为我们不能。他们（以第七章中的尼采和盖伦·斯特劳森的方式）认为，成为自己的意志和行动的**最终**来源是一个不连贯和不可能的理想，因为它要求我们成为"不被推动的第一推动者"或"我们自身的无前因的原因"——正如尼采所说，"迄今为止被设想得最好的自相矛盾"。终极责任要求我们一生中有一些不具有充分原因或动机的行动。但是，既没有充分原因又没有充分动机的行动怎么可能是自由和负责任的行动呢？

在第五章中，我指出，传统意志自由论的自由意志理论通常诉诸"额外因素"来回答这些问题。意志自由论者认识到自由意志不能只是非决定论或偶然性,因此他们就引入了各种额外的能动性或因果关系来弥补这个差别,这些形式的能动性或因果关系往往是神秘的,例如非物质性的心灵,时空之外的本体自我或非事件的行动者原因。这种额外因素策略背后的想法很容易理解:既然非决定论让行动者如何选择或行动保持开放,为了说明行动者究竟要以哪种方式选择或行动,就必须在自然的事件流之上设置某种"额外"的因果关系或能动性——必须有其他东西打破平衡。这是一种诱人的思考方式。但是,在自然的事件流之外引入额外的因果关系或能动性的形式,这种做法已经导致人们指责说,意志自由论的自由意志理论是模糊的和神秘的,无法与现代科学对人类的看法相调和。

133　　一般来说,意志自由论者还没有很好地解释他们对自由意志的看法如何能与现代科学对人类和宇宙的看法保持一致。这就是我想在本章中接手的挑战。在不诉诸模糊或神秘的能动性或因果关系的形式的情况下,一种要求终极责任的意志自由论观点是否可以得到理解?这样一种自由意志能与我们在现代物理学、生物学和人文科学中对人类的了解相协调吗?为了回答这些问题,我相信我们必须从根本上重新开始思考有关自由、责任和非决定论的问题,除非绝对必要,否则就不要依靠诉诸额外因素。下面是我自己的尝试。我把它看作一个提议,旨在激发人们思考如下问题:自由意志如何可能存在于我们人类生存并必须行使自由的自然世界中?

二 物理学、混沌与复杂性

首先,我们必须承认,如果任何关于自由意志的意志自由论要取得成功,在自然中就必须有一些真正的非决定论为它腾出空间。正如古代伊壁鸠鲁派哲学家所说,如果自然中要有自由意志的空间,原子有时就必须以未被决定的方式"突然转向"。此外,如果原子是在外太空中某个远离人类事务的地方突然转向,那将毫无用处。它们必须在能够影响人类的选择和行动的地方(比如大脑)突然转向。这是真的,即使有人设定特殊类型的行动者原因或非物质性的自我来干预大脑。如果要让这些特殊形式的能动性有任何发挥作用的空间,一开始就必须有非决定论。

正如我们已经看到的,在这里,一些科学家想要引入现代量子物理学来帮助解释自由意志。假设有一些量子跃迁或者其他未被决定的量子事件发生在大脑中。我们知道,大脑中的信息处理是通过单个神经元或神经细胞以复杂的模式放电来完成的。单个神经元的放电接着又涉及化学离子跨过神经元细胞壁进行传递,这种传递是由被称为"神经递质"的各种化学物质以及来自其他神经元的电刺激来激发的。一些神经科学家已经暗示说,这些化学离子跨过神经元细胞壁的传递涉及量子不确定性,这种不确定性可能会使单个神经元放电的确切时间变得无法预测,从而将非决定论引入大脑的活动中,为自由意志创造"空间"。

这些建议都是推测性的。但是,即使它们是正确的,它们又如何帮助我们处理自由意志问题呢?前面说过,如果选择是由于大脑中的量子跃迁或者其他未被决定的事件而发生的,那么这些选择就不在行动者的控制之下,因此几乎说不上是自由和负责任的行动。古代伊壁鸠鲁学派的观点也受到了类似批评。原子的偶然转向怎么会给我们带来自由意志呢?第一章也提到了另一个关于利用量子不确定性来捍卫自由意志的问题。杭德里克等决定论者指出,在人脑和人体之类的更大的物理系统中,量子不确定性往往是微不足道的。当涉及大量粒子时,比如化学离子跨过细胞壁进行传递时,任何量子不确定性都很可能会被"阻尼"掉,其对大脑和身体的大规模活动的影响可以忽略不计。

也许是这样。但是,一些科学家认为有另一种可能性。他们承认,量子理论本身无法解释自由意志。但也许量子物理学可以与"混沌"和"复杂性"的新科学结合起来,从而帮助我们理解自由意志。在"混沌"物理系统中,初始条件上的细微变化会在系统的后续行为方面导致巨大且不可预测的变化。① 你可能听说过这样的说法:南美洲一只蝴蝶扇动翅膀引发了一系列事件,这些事件影响了北美的天气模式。也许这个著名的例子有点夸张。但是,在混沌现象中,微小的变化会产生巨大的影响,现在人们知道,混沌现象在自然界中比以前人们所认为的要普遍得多,它在生物中尤其常见。越来越多的证据表明,混沌可能在大脑的信息处理中发挥作用,为神经系统提供一些创造性地(而不是以可预测或僵硬的方式)适应不断变化的环境所需要的灵活性。

当然,决定论者很快就指出,物理系统中的混沌行为,尽管不可预测,但往往是决定论的,其本身并不意味着自然界中有真正的非决定论。但是,一些科学家已经暗示说,混沌和量子物理学的结合可能会提供人们所需的真正的非决定论。如果大脑的信息处理过程确实是"为了理解世界而制造混沌"(正如最近一篇研究论文所说②),那么由此产生的混沌可能会放大单个神经元放电的量子不确定性。神经元放电中这些经过混沌放大的不确定性会对整个大脑中神经网络的活动产生大规模的非决定论影响。神经元层面的不确定性将不再被"阻尼"掉,而是会对认知处理和慎思产生重大影响。

---

① 关于对混沌的介绍,参见 G. L. Baker and J. P. Gollub, *Chaotic Dynamics: An Introduction* (Cambridge: Cambridge University Press, 1990)。
② C. Skarda and W. Freeman, "How Brains Make Chaos in Order to Make Sense of the World?", *Behavioral and Brain Sciences* 10 (1987): 161-195.

但是，我们可能会再次问，即便如此，这又会对自由意志有什么帮助呢？如果我们神经元中的不确定性被放大，对我们的心理过程和慎思产生重大影响，这是否会给我们带来更多的控制和自由？它更有可能会给我们更少的控制和自由。慎思难道不会变成一种类似于在心灵中旋转轮盘来做出选择的东西？也许吧。不过，在下结论之前，我们需要更深入地了解情况。如果大脑中存在某种可以得到的重要的非决定论，那么，对我们来说，这种非决定论是否比简单地旋转轮盘更可理解呢？让我们看看。正如我所建议的，回答这些问题所需的是彻底地重新思考关于自由、责任和非决定论的问题。

三 意志中的冲突

重新思考的第一步是要注意，并非**一切**"出于我们自己的自由意志"而做的、我们在根本上要负责的行为都必须涉及非决定论，正如第十一章已经指出的。并非所有出于我们的自由意志而做的行为都必须是未被决定的，只有那些使我们成为我们所是的那种人的行为，即"设定意志"或"形塑自我"的行动，才是终极责任所要求的。

现在我相信，这些未被决定的形塑自我的行动发生在生活的艰难时刻，也就是说，当我们在我们应该做什么或成为什么的相互竞争的愿景之间挣扎的时候。也许我们在做合乎道德的事情和按照个人抱负来行动之间左右为难,或者在强烈的当前欲望和长期目标之间左右为难,又或者我们可能会面临我们所厌恶的困难任务。在我们生活中所有这些艰难的自我选择的情形中,我们都面临相互竞争的动机,我们必须努力克服那种去做我们强烈想要做的其他事情的诱惑。让我们假设,在这样的时刻,在我们心灵中,对于要做什么存在着焦虑和犹豫,这种情绪通过偏离热力学平衡的运动在我们大脑的适当区域反映出来——简而言之,这是一种大脑中的"混沌搅动",后者使大脑对神经元层面的微观不确定性保持敏感。因此,我们在这种形塑自我的自我反省时刻所感受到的犹豫和内在焦虑,就会在我们的神经过程本身的不确定性中反映出来。在这种情况下,我们对究竟要做什么内在地感受到的那种犹豫,就会在物理上相当于打开了一扇机会之窗,后者暂时屏蔽了过去的影响所导致的完全决定。

当我们在这种犹豫不决的情况下做决定时,由于之前的不确定性,结果是没有被决定的。然而,我们可以以任何一种我们理性地或自愿地选择的方式来渴望结果,因为在这种自我形塑中,行动者先前的意志由于相互冲突的动机而分裂。想想一位面临这种冲突的女企业家。在去参加一个重要会议的路上,她发现一条小巷里发生了一起袭击事件。在她的良心(停下来为袭击受害者寻求帮助)和她的职业抱负(这种抱负告诉她不能错过那个重要的商务会议)之间出现了一场内心斗争。她必须付出意志努力来克服做自私的事情、继续去参加会议的诱惑。如果她克服了这种诱惑,这将是她努力做合乎道德的事情的结果;但是,如果她失败了,那是因为她不**允许**自己的努力取得成功。因为尽管她愿意克服诱惑,但她也愿意失败。也就是说,她有强有力的理由去渴望合乎道德的事情,但她也有强有力的理由(职业抱负方面的理由)去做出自私的选择,而这些理由既不同于她的道德理由,也与她的道德理由不可通约。当我们像那位女士一样在这种情况下做出决定时,当我们正在做出的不确定的努力变成了确定的选择时,我们就当场**通过决定**,**使**一套竞争性的理由或动机压倒了其他的理由或动机。因此,无论我们以哪种方式选择,我们最终做出的选择,尽管是未被决定的,但仍然可以是理性的(出于理由而做出的)和自愿的(按照我们的意志做出的)。

现在让我们再来拼合一下这个难题。非决定论无须破坏选择的合理性和自愿性,同样,非决定论本身也无须破坏控制和责任。假设你正在努力思考一个棘手的数学问题。假设你的神经过程中有一种不确定性让任务变得复杂。这种不确定性会让你的任务变得更加困难,就像在你试图解决一个棘手的数学问题的情况下,低背景噪声会让你稍许分心一样。你是否会成功地解决这个问题是不确定的和未被决定的,因为神经噪声会分散你的注意力。然而,如果你还是设法集中精力解决了问题,我们就有理由说你做到了并对此负责——即使你是否会成功是未被决定的。非决定论噪声本来就是你要努力克服的一个障碍。

有许多例子支持这种想法,即非决定论在不排除责任的情况下可以是成功的一个障碍。这些例子包括第十一章讨论过的奥斯丁式案例。回想一下那个刺客,他试图射杀首相,但可能会失败,因为他的神经系统中未被决定的事件可能会导致他的手臂抽搐或摆动。如果刺客在仍然存在非决定论的情况下成功地击中了目标,他能被追究责任吗?答案显然是肯定的,因为他有意并自愿地成功地做了自己**尝试**做的事情——杀死首相。然而,他杀害首相的行动是未被决定的。在这个例子中,非决定论是他成功的一个障碍,但是,**只要他**成功了,非决定论就不会排除他的责任。

另一个例子是这样的。一位丈夫在与妻子争吵时因情绪激动而暴怒,他把胳膊往妻子最喜欢的玻璃桌子上一挥,想把它打碎。我们再次假设,在他的输出神经通路中,某种非决定论使他手臂的动量变得不确定,因此,直到桌子被击打的那一刻,桌子是否会破碎是未被决定的。丈夫是否打碎了桌子是未被决定的,但是,如果他真的打碎了桌子,他显然要负责任。(如果他声称"那是偶然发生的,不是我干的",那他就是向妻子提供了可怜的借口。在这种情况下,尽管非决定论被涉及,但桌子破碎了并不是意外发生的,而是**他**导致的。)与前面的例子一样,在这个例子中,行动者可以被认为要对一个行动负责,即使这个行动是未被决定的。

现在,这些例子——数学问题、刺客和丈夫并不是我们想要为自由意志争取的全部。它们并不等同于对形塑自我的行动的真正实践,就像在那个在相互冲突的动机之间意志发生分裂的女企业家的案例中那样——她想帮助袭击受害者,但她也想继续参加会议。相比之下,刺客的意志并没有同等地发生分裂。他想杀死首相,而且他不想失败。(如果他因此而失败,那也**只是**偶然。)因此,尽管刺客、丈夫之类的例子并没有告诉我们理解自由意志所需的一切,但它们确实提供了一些线索,有助于我们理解自由意志要求什么。为了更进一步,我们必须诉诸一些额外的想法。

四 并行处理

想象一下,在以形塑自我的行动为特征的冲突的情形中,比如女企业家的案例中,为她克服诱惑制造障碍的非决定论噪声不是来自外部,而是来自她自己的意志,因为她也深深地渴望做相反的事情。想象一下,有两个分岔的循环神经网络参与其中,每一个都对另一个产生影响,而且各自代表这位女性的相互冲突的动机。(这些神经网络是大脑中相互连接的神经元的复杂网络,它们在反馈回路中循环高层次的认知处理往往会涉及的脉冲。①)其中一个神经网络的输入是由她采取道德行动和停下来帮助受害者的理由组成的;另一个网络的输入是由她因为职业抱负而继续参加会议的动机组成的。这两个神经网络相互连接,因此,作为她做出任何一个选择的障碍的非决定论噪声,就来自她自己想要做出对立选择的欲望。在这种情况下,当任何一条神经通路"获胜"(达到激活阈值,而这相当于选择)时,她就会做出选择,尽管仍然存在她必须克服的非决定论噪声。她在有噪声障碍的情况下进行选择,就像你在有干扰的背景噪声的情况下解决一道棘手的数学题。我们可以说,当你通过克服干扰的噪声解决了数学问题时,你做到了,而且对此负责,同样,我认为,**不管这个女企业家以何种方式选择**,我们也都可以对她提出同样的说法。使她成功达到一个选择阈值的神经通路将会克服另一条通路所产生的、以非决定论噪声的形式出现的障碍。

请注意,在这种由相互冲突的选择所产生的非决定论的条件下,以任何一种方式做出的选择都不会是"无意的""偶然的""反复无常的"或者"完全随机的"(就像非决定论的批评者所说的那样)。相反,当这些选择被做出时,它们是行动者以任何一种方式所**渴望**的,而且是以任何一种方式出于理由

---

① 关于神经网络在认知处理中的作用,比较通俗易懂的导论包括:Paul M. Churchland, *The Engine of Reason, the Seat of the Soul* (Cambridge, MA: MIT Press, 1996); Manfred Spitzer, *The Mind Within the Net* (Cambridge, MA: MIT Press, 1999)。

(行动者当场**认同**的理由)做出的。但是,这些就是如下说法通常所要求的条件,即某件事是"有目的地"做的,而不是偶然地、反复无常地或完全偶然地做的。而且,在我看来,"这些行动是有目的地做的"这一说法所要求的条件,总体上排除了我们用来支持如下说法的每个理由:行动者采取行动,但没有对其行动进行**控制**。行动者无须一直在强制、胁迫、约束、疏忽、意外、受他人控制等情况下行动。① 当然,我们必须承认,当选择是未被决定的形塑自我的行动时,行动者不能控制或决定哪一个选择结果**在其出现之前**将会出现。但是,我们不能由此认为,既然一个人不能控制或确定一组结果中的哪一个在其出现之前将会出现,那么,**当选择结果出现的时候**,他也不能控制或决定哪个结果出现。

当形塑自我的行动的上述条件得到满足,行动者**当场**通过决定来对其未来生活进行控制时,他们在如下意义上就有了我所说的"对选择的**多元自愿控制**":当行动者**有目的地**出于他们渴望做出任何一个选择的**理由**而做出选择,不是偶然或错误地这样做,而且在这样做的时候**没有**受到强迫,或者没有受到任何其他行动者或机制的控制时,他们能够实现他们所渴望的**任何**选择。从我对形塑自我的行动的描述来看,比如说在女企业家的例子中,这种行动可以满足所有这些条件。

---

① 我在如下著作的第八章中更详细地表明这些条件中的每一个都可以得到满足: Robert Kane, *The Significance of Free Will* (Oxford: Oxford University Press, 1996)。

这些条件可以被总结为如下说法：行动者可以**按照自己的意愿**以任何一种方式进行选择。换句话说，选择就是在"设定意志"：我们是在做决定的**行动过程**中以这样或那样的方式设定我们的意志，而不是在做决定之前。

还要注意的是，对形塑自我的选择的这种解释相当于使我们在数学问题的例子中看到的困难"加倍"。在那个例子中，行动者必须努力克服非决定论背景噪声。当行动者面临一个形塑自我的选择时，他就好像是在**尝试**或努力同时解决**两个**认知问题，或者同时完成两项相互竞争的(慎思)任务。在我们的例子中，女企业家正尝试做出一个道德选择和一个与之冲突的自我利益选择。这两个相互竞争的选择对应着她大脑中两个相互竞争的神经网络。每一项任务都受到来自另一项任务的非决定论的阻碍，因此可能会失败。但是，一旦成功了，行动者就可以被认为要负责，因为，就像在解决数学问题的情形中一样，行动者将成功地做出他们故意和愿意尝试做的事情。回想一下那个刺客和丈夫。由于他们的神经通路中出现的不确定性，刺客可能会错失目标，或者丈夫可能无法打碎桌子。但是，如果这两个行动者在有可能失败的情况下还是成功了，那么他们是有责任的，因为他们已经成功地做了自己尝试做的事情。我认为，形塑自我的选择，比如女企业家的选择，也是如此。**无论以哪种方式选择**，行动者都要负责任，因为不管他们以哪种方式选择，他们都已经成功地做了自己尝试做的事情。他们在做一件事方面的失败不是单纯的失败,而是在做另一件事方面的自愿成功。

说一个行动者以这种方式尝试同时做两件相互竞争的事情,或者同时解决两个认知问题,这样的说法有意义吗?好吧,我们现在知道大脑是一个"并行处理器",它可以通过不同的神经通路同时处理与感知或识别之类的任务相关的不同类型的信息。我相信,这种能力对于行使自由意志来说必不可少。在形塑自我(或者形塑自我的行动)的情形中,行动者同时尝试解决多个相互竞争的认知任务。就像我们所说的那样,他们处于三心二意的状态。然而,他们并不是两个分离的人。他们并没有从每一项任务中分离出来。想做点什么来帮助受害者的女企业家,也是那个想去参加会议并做成一笔生意的有职业抱负的女人。在她内心深处,她被对自己是谁、自己想成为什么样的人的不同看法撕裂,就像我们每个人都不时会碰到的那样。但是,这就是真正的形塑自我和自由意志所需要的那种复杂性。当她成功地做了自己尝试做的一件事时,她会**认可**这个结果,将它看作**自己**自愿地和有意地,而不是偶然地或错误地解决意志中的冲突。

五　对这一观点的挑战:责任、运气与机遇

显然,人们会对前面的观点提出许多问题,可能也会提出

一些异议。在这里,我们不能处理所有这些问题和异议,但让我们考虑其中一些较为重要的问题。有些人反驳说,如果像女企业家的选择这样的选择真的是未被决定的,那么它们**必定**只是偶然发生的,因此一定是"随机的""反复无常的""不受控制的""不理性的",等等。回应这个异议的第一步是质疑这样一个假设,即如果一件发生的事情涉及非决定论,那么它必定**完全是**作为机遇或运气问题而发生的。"机遇"和"运气"是普通语言中含有"超出我的控制"这个意义的术语。因此对它们的使用已经导致一些问题。相比之下,"非决定论"是一个专业术语,它只是排除了**决定论的**因果关系,而不是所有的因果关系。非决定论与无决定论的(nondeterministic)或者或然性的因果关系相符,在后面这种因果关系中,结果并不是不可避免的。因此,假设"未被决定"意味着"未被引起"或"只是机遇问题"乃是一个错误(事实上,在关于自由意志的争论中,这是最常见的错误)。

第二个异议与第一个有关。有人可能会说,在女企业家的情形中,既然她努力的结果(选择)直到最后一刻都是不确定的,那么她必须首先努力克服继续参加会议的诱惑,然后,到了最后一刻,"机遇接管",为她决定了选择问题。但是,这是一种错误的描绘。按照刚才提出的观点,你不能把非决定论与意志的努力分开,因此,首先是那位女性的努力,然后是机遇或运气。你必须认为努力和非决定论是相融合的。努力

251

是不确定的,非决定论是努力的属性,不是在努力之后或之前发生的单独事情。尽管努力具有不确定性这一属性,但这个事实并没有减损那位女性的努力。大脑中实现努力的复杂递归神经网络正在反馈回路中循环脉冲,在这些循环的脉冲中有某种不确定性。但是,整个过程是她的意志努力,它一直持续到做出选择的那一刻。任何这样的时刻并不存在:在那个时刻,努力停止了,机遇开始"接管"。那位女性是因为其努力而做出选择,即使她可能会失败。同样,那位丈夫是因为其努力而打碎桌子,尽管他可能会因为不确定性而失败。(这就说明了为什么他的借口"那是偶然发生的,不是我干的"是如此拙劣。)

第三个异议与运气的概念有关。一些批评者论证说,如果那个女企业家的努力是未被决定的,以至向每个方面的努力都可能失败,那么哪一个努力会取得成功只是运气问题。为了处理这个现在已经很常见的异议,我们需要更仔细地审视一下运气问题。回想一下,有人可能会说,暗杀者"走运地"杀死了首相,丈夫"走运地"打碎了桌子,因为他们的行动是未被决定的,可能会失败。然而,令人惊讶的是,如果暗杀者成功地杀死了首相,丈夫成功地打碎了桌子,我们仍然认为他们要**负责任**。因此,我们就应该自问一下:在丈夫和刺客的情形中,说"他很走运,**因此他不负责**"为什么是错误的?这样说之所以不对,是因为即使他们确实很走运,但他们仍然要负责任。(想象一下,刺客的律师在法庭上辩称,他的当事人无罪,因为他杀害首相的行为是未被决定的,可能会偶然失败。这样的辩护会成功吗?)

　　为什么杀手和丈夫仍然要负责任?答案的第一部分与此前对"运气"和"机遇"提出的看法有关。在日常语言中,这两个词具有的含义是成问题的,不一定是"非决定论"的含义(因为非决定论仅仅意味着缺乏决定论的因果关系)。在刺客和丈夫的情形中,"他很走运"的核心含义是:"**尽管可能会或偶然会失败**,他还是成功了";而这一核心含义并不意味着**如果他成功了**,他就没有责任。如果"他很走运"在这些情形中有其他含义,即在日常用法中经常与"运气"和"机遇"相联系的含义,那么一个人"很走运,因此他没有负责"这一推理就不会失败,正如它显然不会失败。例如,如果"运气"在这些情形中意味着结果不是他导致的,或者完全是偶然发生的,或者他没有责任,那么"他很走运,因此他没有责任"这一推理就会适用于丈夫和刺客。然而,关键的是,"运气"和"机遇"的这些进一步的含义并不**只是因为**有非决定论才产生的。

　　在刺客和丈夫的情形中,"他很走运,因此他没有责任"这一推断不成立的第二个原因是,他们成功地做出的**事情**就是他们一直**尝试**做和想要做的(分别是杀死首相和打碎桌子)。第三个原因是,**当他们成功时**,他们的反应不是"哦,天哪,那是个错误,是个意外——是**碰巧发生**在我身上的事,不是我**做**

的事"。相反,他们**认可**这些结果,将之视为他们一直尝试做和想要做的事情,而且是故意地和有目的地做的,而不是出于错误或意外而做的。

但是,在那位女企业家的情形中,无论她**以哪一种方式**选择,这些条件都得到了满足。如果她成功地选择回去帮助受害者(或选择继续参加会议),那么,第一,"尽管可能会或偶然**会失败**,但她还是成功了";第二,她会成功地做出她一直**尝试做和想要**做的事情(她非常想要这两种结果,但却是出于不同的理由,而且试图让这些理由在两种情况下都获胜);第三,当她成功(成功地选择回去帮助受害者)时,她的反应不是"哦,天哪,那是我出于错误而做的,是个意外:那是碰巧发生在我身上的事,不是我做的事"。相反,她**认可**这个结果,将之视为她一直尝试做和想要做的事情;她承认这一选择是她对自己意志中的冲突的解决。而且,如果她本来就选择继续参加会议,那么她本来就会认可这个结果,将之视为她对自己意志中的冲突的解决。

六 选择与能动性

你可能想到的第四个异议是这样的。通过一开始就假设那位女企业家的努力结果就是**选择**,我们或许是在回避问题。如果一个过程(比如那个女人的慎思)涉及非决定论,以至其结果是未被决定的,那么人们可能会争辩说,结果一定是**偶然发生**的,因此不可能是某人的**选择**。但是,没有理由假设这种说法是正确的。选择是形成做某事的意图或目的。它解决了人们心中在该做什么方面的紧张不安和犹豫不决。在这种描述中,没有任何东西意味着,在行动者对其先前选择的慎思和相关的神经过程中,不可能有某种非决定论,它对应于行动者先前在该做什么方面的犹豫不决。回想一下我们之前的论证:非决定论的出现并不意味着结果**完全**是偶然发生的,**不是**通过行动者的努力发生的。形塑自我的选择是未被决定的,但不是无前因的。它们是由行动者的努力引起的。

好吧,一些批评者说,也许非决定论并没有削弱某件事是一个**选择**这一观点,而是削弱了它是**行动者的**选择这一观点。这个异议提出了一些关于能动性的重要问题。按照以上论述,那位女企业家的选择是她自己的选择,因为它是她的努力和慎思的结果,而她的努力和慎思接着又受到她的理由和意图(例如她以某种方式消除自己的优柔寡断的意图)的因果影响。这些努力、慎思、理由和意图之所以是**她的**,是因为它们被嵌入一个在其大脑中得到实现的更大的动机系统中,而她按照这个动机系统将自己定义为一个实践推理者和行动者。当如下情况出现时,一个选择就是行动者的选择:这个选择是行动者自己的努力、慎思和理由(这些东西构成了她的自我定义的动机系统的一部分)有意产生的,此外,行动者**认可**该选择所产生的新意图或目的,把它接受为其动机系统的一部分,使其成为引导**未来的**实践推理和行动的一个进一步的目的。

那好吧,其他批评者说,也许问题不在于一个未被决定的形塑自我的行动(比如那位女企业家的形塑自我的行动)是不是**一种选择**,甚至也不在于它是否就是行动者的选择,而在于她对这种行动进行了多少**控制**。因为,正如前面所说(在讨论多元自愿控制时),尽管非决定论的出现确实不一定会完全排除控制,但非决定论的出现至少会**减少**人们对其选择和行动的控制,难道不是这样吗?暗杀者对首相是否被杀的控制(他实现其目的和做自己尝试做的事情的能力)会因为他手臂上未被决定的冲动而减弱,难道不是这样吗?这种批评与我们在第四章中碰到的一个关于意志自由论的自由的问题有关。这个问题是:无论非决定论在哪里出现,它似乎都是我们实现自己目的的**障碍**或**阻碍**,因此会妨碍我们的自由,而不是**增强**我们的自由。

这种异议有一定道理。但我认为,其中有道理的东西可能揭示了一些关于自由意志的重要事情。也许我们应该承认,无论非决定论在哪里出现,它**确实**会减少我们对自己正在尝试做的事情的控制,因此**是**实现我们目的的一个障碍或阻碍。但是,回想一下,在女企业家(以及一般而论的形塑自我的行动)的情形中,那种固然正在减少行动者对其尝试做的一件事的控制的非决定论,**来自她自己的意志**——来自她做另一件事(这件事也是她想做的)的欲望和努力。正在减少她对自己尝试做的另一件事(在这个例子中,即自私的事情)的控制的那种非决定论,来自她做对立事情(成为一个按照道德理由来行动的有道德的人)的欲望和努力。因此,在每一种情况下,非决定论实际上都**是**在充当她实现自己的一个目的的障碍或阻碍——当这种障碍或阻碍在其意志中以阻力的形式表现出来时,她就必须通过努力来克服它。

如果没有这种障碍——如果她的意志中没有阻力,那么她在某种意义上就会对自己的一个选项进行"完全的控制"。不会有竞争的动机阻挡她去选择那个选项。但是,这样一来,她也不会理性地和自愿地自由选择另一个选项,因为她不会有好的竞争理由这样做。因此,通过**成为**实现我们的某些目的的一个障碍,非决定论就反常地打开了追求其他目的的真正可能性——按照(而不是违背)我们的意志(自愿地)和理由(理性地)来做出不同的选择或采取不同的行动的可能性。为了成为真正地形塑自我的行动者(我们自己的创造者)——为了有自由意志,在生活中的某些时刻,在我们的意志中就必须有这种我们要去克服的障碍和阻碍。

对上述理论的另一个异议是,当我们在进行形塑自我的选择时,我们并没有意识到自己做出了两种相互竞争的努力。但是,该理论并不要求我们有意识地觉察到这些相互竞争的努力。在这里,我们需要把行使自由意志比作大脑中并行处理的其他情形,比如视觉。神经科学家告诉我们,当我们看到一个视觉对象比如一个红色的谷仓时,大脑实际上会通过并行的神经通路来分别处理该对象的不同属性(例如形状和颜色),处理结果最终汇集在视觉影像中。我们并没有内省地意识到对谷仓的形状和颜色的处理是分开的和并行的。事实上,关于大脑中的并行处理的这一信息是出人意料地到来的。但是,如果这些神经学理论是正确的,那它就是我们正在做的事情。

以上对自由意志的阐述是在暗示,当我们做出形塑自我的选择时,类似的事情可能正在发生。我们没有内省地意识到我们的努力(我们为了使相互竞争的选择中的一个或另一个取得成功而做出的努力)是在大脑中分离却又相互作用的通路上被处理的,但那个过程实际上可能就是正在发生的事情。如果我们实际上内省地意识到了在我们做出自由选择时所发生的一切,那么自由意志就不会那么神秘了,自由意志问题也会比现在更容易解决。为了解决这个问题,我们就必须考虑,当我们意识到自己试图决定要选择两个选项中的哪一个,而任何一个选择都因为有抵抗的动机把我们拉向不同方向而变得困难时,背后可能正在发生什么。①

最后,在本章结束之际,让我们考虑一下对本章介绍的自

---

① 努力去做不相容的事情是不合理的吗?在一般情况下是这样的。但我相信,在某些特殊情况下,做出相互竞争的努力并不是不合理的:第一,当我们在相互竞争的选项(例如一个道德选择和一个与职业抱负有关的选择)之间进行慎思时;第二,当我们想要选择其中的某一项,但不能同时选择二者时;第三,当我们出于不同的、不可通约的理由,有强烈的动机想要选择每一个选项,以至我们深感矛盾时;第四,因此,当在我们做出任何一个选择的意志中存在抵抗,以至出现如下情况时——第五,若有机会做出任何一个选择,就需要努力克服做出另一个选择的诱惑;第六,我们想要使每一个选择都有通过斗争而得到实现的机会,因为每个选择的动机对我们来说都很重要。每个选择的动机在一定程度上界定了我们是什么样的人,而且,如果我们不为它们努力,我们就是在轻视它们。这些条件当然就是形塑自我的行动的条件。

由意志理论的最后一个异议。这一异议也许是最强有力的,但尚未被讨论过。它是这样的:即使人们承认,像女企业家这样的人可以做出真正的形塑自我的选择,而且这些选择是未被决定的,但指责这些选择是**任意的**难道就没有一点道理吗?所有形塑自我的选择似乎都仍然含有一种残余的任意性,因为行动者原则上不可能有充分的或结论性的**先前**理由使一个选项和一组理由胜过另一个选项和另一组理由。

这个异议也很有道理,但我再次认为,其中有道理的东西告诉了我们一些关于自由意志的重要事情。它告诉我们,每一个未被决定的、形塑自我的自由选择都开启了一种可以被称为"**价值实验**"的东西,对这种实验的辩护在于未来不是完全由过去的理由来解释的。在做出这样一个选择时,我们实际上是在说:"让我们这样尝试一下吧。这不是我的过去所要求的,但它与我的过去相一致,是我的生活现在能够有意义地采取的、有分岔路径的花园中的一条岔路。这是不是正确的选择,只有时间才能证明。与此同时,无论做出何种选择,我都愿意为之承担责任。"

值得注意的是,"任意的"这个词来自拉丁语 *arbitrium*,意思是"判断",比如中世纪哲学家用 *liberum arbitrium voluntatis*(意志的自由判断)这个说法来称呼自由意志。想象一个作家,他的小说写到了一半。小说中的女主人公面临一场危机,作者还没有用充分的细节来发展她的性格,无法确切地说出她将如何行动。作者对此做出的"判断"并不是由女主角已经形成的过去来决定的,因为那个过去并未给出独一无二的方向。从这个意义上说,对她将如何反应的判断(*arbitrium*)是"任意的",但不是完全如此。这个判断在女主角虚构的过去那里有其来源,接着又会影响她的推断性的未来。同样,行使自由意志的行动者既是其故事的作者,又是其故事中的人物。由于"形塑自我"的意志的判断(*arbitria voluntatis*),他们是自己的生活的"仲裁者"(arbiters),从过去中"将自己制造出来",而如果他们是真正自由的,这种制造就不会把他们的未来限制到一条道路上。

假设我们对这些人说:"但是,瞧瞧,你没有充分的或结论性的先前理由做出你实际上做出的选择,因为你也有可行的理由以另一种方式做出选择。"他们可能会回答:"没错。但我确实有**好的**理由做出我实际上做出的选择,我愿意坚持这个选择并对其**承担责任**。如果这些理由不是充分的或决定性的理由,那是因为,就像小说中的女主角一样,在我选择之前,我还不是一个完全成形的人(而且,就此而论,现在仍然不是)。就像小说的作者一样,我处于写一个尚未完成的故事、塑造一个尚未完成的角色的过程中,而对我来说,那个角色就是我自己。"

总而言之,在本章中,我已经暗示一种要求终极责任和非决定论的意志自由论的自由意志如何有可能与当前的科学知识相协调。本章提出的理论有大量争论,人们可以对它提出而且已经提出了许多异议。① 我在这里已经尝试回答了其中一些异议,但其他许多同样值得回答的异议却没有得到处理。(希望进一步探讨这些问题的读者,可以看看下面的建议阅读材料。)许多人相信意志自由论的自由意志永远无法与科学调和,也不可能存在于自然秩序中。也许事实将证明他们是对的。但是,若不首先尽我们最大努力去看看意志自由论者所相信的那种深层的自由意志如何有可能与科学相调和,我们就不应该过于仓促地得出二者无法调和的结论。

---

① 在一些出版物中,可以找到对本章所介绍观点的批判性讨论和进一步的异议,例如:Daniel Dennett, *Freedom Evolves* (New York: Vintage Books, 2003); Randolph Clarke, *Libertarian Accounts of Free Will* (Oxford: Oxford University Press, 2003); Ishtiyaque Haji, *Deontic Morality and Control* (Cambridge: Cambridge University Press, 2002); Derk Pereboom, *Living Without Free Will* (Cambridge: Cambridge University Press, 2001); Timothy O'Connor, *Persons and Causes: The Metaphysics of Free Will* (New York: Oxford University Press, 2000); Saul Smilansky, *Free Will and Illusion* (Oxford: Oxford University Press, Clarendon Press, 2000); Alfred Mele, *Autonomous Agents: From Self-Control to Autonomy* (New York: Oxford University Press, 1995); Richard Double, *The Non-reality of Free Will* (Oxford: Oxford University Press, 1991); Bruce Waller, *Freedom Without Responsibility* (Philadelphia: Temple University Press, 1990); Galen Strawson, "The Impossibility of Moral Responsibility", in Gary Watson (ed.), *Free Will* (Oxford: Oxford University Press, second edition, 2003); Michael Almeida and Mark Bernstein, "Lucky Libertarianism", *Philosophical Studies* 113 (2003): 93–119。进一步的批判性讨论以及我对批评者的回答收录在下述期刊对我的《自由意志的重要性》的专题讨论中:*Philosophy and Phenomenological Research*, LX (2000): 129–167; *Philosophical Explorations* Ⅱ (1999): 95–121。

261

建议阅读材料

本章介绍的观点在我的如下著作中得到进一步发展：Robert Kane, *The Significance of Free Will* (Oxford, 1996)。对该理论的异议以及关于它的进一步争论可以参见本章结尾那段话的脚注。关于神经科学、心理学和物理学的既有研究成果与自由意志问题的关系，参见如下文集：Benjamin Libet, Anthony Freeman, and Keith Sutherland (eds.), *The Volitional Brain* (Imprint Academic, 1999)。从意志自由论的视角，把自由意志与现代科学进行调和的其他不同尝试包括：David Hodgson, "Hume's Mistake" (in *The Volitional Brain*, pp. 201-224); Storrs McCall, *A Model of the Universe* (Oxford: Clarendon, 1994)。从相容论的角度进行调和的尝试包括：Henrik Walter, *Neurophilosophy of Free Will* (MIT, 2001); Daniel Dennett, *Freedom Evolves* (Vintage, 2003)。

第十三章　预先注定、神的预知与自由意志

一　宗教信念与自由意志

正如第一章所指出的,关于自由意志的争论不仅受到科学的影响,也受到宗教的影响。实际上,对许多人来说,宗教是关于自由意志的问题首次出现的背景。下面是哲学家威廉·罗维的个人陈述,它很好地表达了许多首次面对自由意志问题的宗教信徒的感受:

> 十七岁那年,我皈依了一个相当正统的新教分支,我关心的第一个神学问题是神的预定和人类自由的问题。我在某处读到了《威斯敏斯特信仰告白》中的一句话:"上帝亘古以来……就自由而不变地注定了一切发生的事。"

我在很多方面都为这个想法所吸引。它似乎表达了上帝对他所创造的一切的威严和能力。它也促使我以乐观的态度看待我自己和其他人的生活中发生的事情,那些让我觉得糟糕或不幸的事情。因为我现在认为它们是上帝在创造世界之前就规划好的,所以它们一定有我不知道的好处。我想,我自己的皈依,也是命中注定要发生的,就像其他人没有皈依也是命中注定的一样。但是,就在我的反思的这一点上,我碰到了一个难题,它让我比以往任何时候都更努力地思考。因为我也相信,我是出于自己的自由意志选择了上帝,我们每个人都要对选择或拒绝上帝的旨意负责。但我怎么能对上帝亘古以来就安排我在自己生命的那个特殊时刻做出的选择负责?如果上帝亘古以来就注定某些人要拒绝他的旨意,那么他们怎么能出于自己的自由意志而拒绝上帝的旨意呢?①

148 罗维是在描述神的预定和人类自由意志的问题,这个问题一度困扰大多数有思想的宗教信徒。关于这个问题的争论一直是世界上所有有神论宗教的一个特点,包括基督教、犹太教和伊斯兰教。正是这个关于预定和自由意志的问题促使穆斯林学者(在穆罕默德死后大约一个世纪)向哈里发提出了一

---

① William Rowe, *Philosophy of Religion* (Belmont CA: Wadsworth Publishing, 1993), p. 141.

个请求：他们是否可以看看亚历山大大帝征服时期以来藏在中东图书馆里的古希腊哲学家的卷轴？这些穆斯林学者主要想知道他们是否能从"异教"希腊哲学家那里得到一些见识，以探究《古兰经》没有解决的、关于预定和自由意志的令人烦恼的难题。希伯来和基督教的经文也描述了一个创造了宇宙的全能、全知、全善的有人格的上帝，但没有完全解决上帝的全能和全知如何与人类自由相协调的问题。

二 预定、恶以及自由意志辩护

预定问题吸引了不同宗教传统中的许多思想家，解决这个问题的一种简单方式是论证说，神的预定与人类的自由是相容的。美国加尔文主义神学家乔纳森·爱德华兹(1703—1758)最完整地发展了这个解决方案。爱德华兹采纳了第二章讨论的古典相容论路线，即认为自由就是在没有约束或阻碍的情况下做我们想做的事情的能力；爱德华兹论证说，即使世界上的一切都是由上帝预先决定的行为来决定的，我们也可以自由地做自己想做的事。爱德华兹论证说，尽管上帝创造了我们借以行动的善良本性或腐败本性，但我们的行为仍然是我们的自由行为，可归责于我们，因为它们无阻碍地来自**我们的**本性。

正如罗维所指出的，这种形式的预定很难被接受。第十一章的推理说明了原因。如果人类是以爱德华兹所描述的那种方式被注定的,那么在终极责任的意义上,他们就不会最终为自己的行动负责。因为上帝对世界的创造,包括对具有善良本性或邪恶本性的不同的人的创造,就是所发生的一切事情(包括人类的善恶行为)的**充分原因**。既然人类不像上帝那样反过来对上帝创造世界负责,人类就不会在终极责任的意义上最终对自己的行动负责。更糟糕的是,善良行为和**邪恶**行为的最终责任都在于上帝,因为他故意创造了一个不可避免会出现这些行为的世界。这些后果对大多数有神论者来说是不可接受的,因为他们相信上帝不是恶的原因,他们也相信上帝因为我们的罪而**公正地**惩罚**我们**。

在这一点上,预定和自由意志的问题就与宗教领域中"恶的问题"纠缠在一起了:如果上帝是全能和全善的,那么为什么上帝允许可怕的恶在世界上存在?要么上帝不能消除恶,在这种情况下上帝就不是全能的;要么上帝可以消除恶,但选择不这样做,在这种情况下,上帝就不是全善的。解决恶的问题的一个标准方案来自圣奥古斯丁,它被称为"自由意志辩护"。按照自由意志辩护,上帝不是恶的来源。而是,上帝将自由意志赋予(人和天使之类的)被造物,然后他们就通过自己的自由行动导致恶。但是,为什么上帝明知自由意志可能会带来可怕后果,还要把自由意志赋予其他被造物?圣奥古斯丁给出的标准答案是"自由意志是一件好事"。他认为,若没有自由意志,在被造物当中就不会有**道德上**的善与恶,就不会有真正的责任或应受责备,被造物也不能出于自己的自由意志选择爱上帝(爱在被**自由地**给予的时候是一种更大的善)。因此,上帝是为了更大的善而允许恶,但上帝不是恶的原因或来源。

但是,如果预定是真的,那么自由意志辩护就会碰到困难。正如罗维所说:"我怎么能对上帝亘古以来就安排我在自己生命的那个特殊时刻做出的选择负责?如果上帝亘古以来就注定某些人要拒绝他的旨意,那么他们怎么能出于自己的自由意志而拒绝上帝的旨意呢?"如果所有的行为都是被预先注定的,那么善恶行为的**终极**责任就会回到上帝身上,自由意志辩护就会失败。

出于这个原因(当然还有其他原因),在宗教背景下,如果你是有神论者,相信全能、全知、全善的上帝创造了宇宙,那么相容论就更难被接受。相容论者相信,在一切值得向往的自由的意义上,自由可以存在于一个被决定的世界中。但是,如果我们确实生活在一个被决定的世界中,如果那个世界**也确实是由上帝创造出来的**,那么其中所发生的一切都已经由上帝的创世行为预先决定,因此是被注定的。所有发生的事情的最终责任都将回到上帝身上。就像罗维所指出的那样,这就是大多数(尽管不是所有)现代有神论者相信如下这一点的原因:上帝赋予我们的自由意志不可能存在于一个被决定的世界中,因此必定是一种**不相容论**或**意志自由论**的自由意志。要绕开这个结论,唯一的办法似乎就是接受这样一种观点:在创造世界的时候,上帝预先决定了人类的每一个行为,无论它们是善良的还是邪恶的;大多数有神论者都不愿意承认这一点。

但是,如果一个有神论者不愿意承认上帝预先决定了每一个行为,那么他必须因此而否认上帝是全能和全善的吗?不一定。因为有神论者可以说,上帝有预定一切的**权力**,但为了把自由意志赋予人类,他**选择**不行使这种权力。如果圣奥古斯丁在声称把自由意志赋予人类是一件"好事"方面是正确的(因为若没有自由意志,就没有真正的责任或应受责备),那么有神论者可以继续认为上帝是全能的和全善的,即使上帝选择通过把自由意志赋予人类,而不是预定他们所做的一切来限制自己的权力。

三 预知与自由

但是,即使有神论者采取这条路线,从而维护上帝的权力和善良,还是会出现另一个问题。因为按照圣经的传统,上帝不仅被认为是全能和全善的,而且被认为是**全知的**或**无所不知的**。虽然上帝可以为了让人类具有自由意志而自由地选择限制其控制所有事件的神圣权力,但上帝似乎仍然知道将要

第十三章 预先注定、神的预知与自由意志

发生的一切。我们有理由相信,神的**预知**对自由意志的威胁就像神的**预定**所产生的威胁一样大。在圣奥古斯丁的经典对话录《论意志的自由选择》中,一个名叫埃伏第乌斯(Evodius)的人物清楚地阐述了神的预知所带来的问题。埃伏第乌斯说:

> 一个问题令我深深困扰:上帝预知所有未来的事情,而我们却不是必然有罪,这究竟是如何可能的?只要有人说一件事的发生可能与上帝所预知的不同,他就是在疯狂地和恶意地试图破坏上帝的预知。如果上帝因此预知一个好人会犯罪……那么这项罪就必然会被犯下,因为上帝预知这件事会发生。这样一来,这种不可避免的必然性存在时,又怎么会有自由意志呢?①

在回应埃伏第乌斯的时候,圣奥古斯丁提出了一个观点,而这个观点也是处理这个论题的许多其他思想家自那时以来提出的。圣奥古斯丁指出,仅仅预知或预见某件事将会发生与**引起**它发生并不是同一回事。

> 你预知一个人会犯罪,但这本身并不会使那项罪变得必然。你的预知并没有迫使他犯罪……同样,上帝对

---

① Augustine, *On the Free Choice of the Will* (Indianapolis: Bobbs-Merrill, 1964), p. 25.

> 未来事件的预知并不强迫它们发生……上帝不是恶行的原因,虽然上帝会公正地报复这些行为。由此你可以明白,上帝会何等公正地惩罚罪;因为上帝并没有做他知道将会发生的事情。①

为了阐明圣奥古斯丁的说法,想象一下科学家站在屏幕后面观察我们所做的一切,但不以任何方式干涉我们的行动。他们对我们很了解,足以预测我们将要做的一切。但是,如果他们总是躲在屏幕后面,从不干涉,那么我们就不能说他们引起了我们所做的事情,或者要对我们所做的事情负责。圣奥古斯丁是在说,上帝也会这样,如果上帝只是预知我们会做什么的话。尽管**预先决定**或预定某事会使它发生,但仅仅**预知**它并不会使它发生。简而言之,预知不是被预知的事情的原因。

四 预知与后果论证

对许多人来说,通过把**引起**或**预先决定**将要发生的事情和只是预知将要发生的事情区分开来,我们就可以解决关于神的预知和人类自由的问题。很遗憾,这个问题不是被如此

---

① Augustine, *On the Free Choice of the Will*, p. 25.

简单地解决的,因为我们有理由相信预知本身可能与人类自由不相容,即使预知不是被预知的事情的原因。明白何以如此的一种方式是考虑如下论证,该论证与第三章中对自由意志和决定论的不相容性的后果论证有一些有趣的相似之处。如果上帝预知所有的事件,包括人类行动,那么下列条件就得到满足:

(1)上帝在我们出生前的某个时刻相信我们目前的行动会发生。

(2)上帝的信念不可能是错误的。

(3)情况必定是这样:如果上帝在我们出生前的某个时刻相信我们目前的行动会发生,而且上帝的信念不可能是错误的,那么我们目前的行动就会发生。

(4)我们现在无论做什么都无法改变如下事实:上帝在我们出生前的某个时刻相信我们目前的行动会发生。

(5)我们现在无论做什么都无法改变如下事实:上帝的信念不可能是错误的。

(6)我们现在无论做什么都无法改变如下事实:如果上帝在我们出生前的某个时刻相信我们目前的行动会发生,而且上帝的信念不可能是错误的,那么我们目前的行动就会发生。

(7)因此,我们现在无论做什么都无法改变如下事实:我们目前的行动会发生。

简而言之,如果上帝已经预知我们会做什么,那么除了做我们实际上所做的事情,**我们现在不能采取与之前不同的行为**。既然这个论证,就像后果论证一样,可以应用于任何时候的任何行动者和行动,我们就可以从中推出,如果上帝预知所有的事件,那么就没有任何人能采取与之前不同的行为;如果自由意志要求有能力采取与之前不同的行为,那么就没有任何人会有自由意志。

在评估这个论证时,注意到它与第三章的后果论证之间的相似之处是有帮助的。这个论证的第四步(我们现在无论做什么都无法改变如下事实:上帝在我们出生前的某个时刻相信我们目前的行动会发生)对应于结果论证的第一个前提(我们现在无论做什么都无法改变过去)。这个论证的第五步(我们现在无论做什么都无法改变如下事实:上帝的信念不可能是错误的)与后果论证的第二个前提(我们现在无论做什么都无法改变自然法则)的作用相似。自然法则让下面这件事情变得必然,即在过去**被给定**的情况下,我们目前的行动会发生(这是后果论证的第五步),同样,上帝的信念不可能是错误的这一事实也让下面这件事情变得必然:**鉴于**上帝在**过去**某个时刻相信我们目前的行动会发生,我们目前的行动就会发生(这个论证的第三步)。上帝先前的信念可能不会导致我们目前的行动发生,但是,**如果**上帝的信念不可能是错误的,那么它们就使我们目前的行动会发生成为**必然**。

最后,考虑这个预知论证的第一个前提和第二个前提。

对有神论者来说,如果他们相信上帝是不可错的,那么他们就很难否认上帝的信念不可能是错误的(这个论证的第二个前提)。至于该论证的第一个前提(上帝在我们出生前的某个时刻相信我们目前的行动会发生),它直接来自上帝有预知这一假设。请记住,这个论证只需**假设**上帝有预知,以便表明"**如果**上帝有预知,那么我们就没有自由意志"。

五 对预知问题的永恒论解决:波埃修斯和阿奎那

这个预知论证在历史上引发了许多回应。在本章其余部分,我们将考虑为了解决上帝的预知和人类自由问题而回应它的四个最重要的尝试。其中三种回应在中世纪哲学中有其根源,但在现代得到了改进。最早的回应是由生活在圣奥古斯丁的时代之后一个世纪的哲学家波埃修斯(480—524)提出的,后来得到了中世纪最有影响力的哲学家圣托马斯·阿奎那(1225—1274)的捍卫。

波埃修斯和阿奎那诉诸上帝的**永恒**或**无时间性**来回答预知问题。他们坚持认为,一个完美的上帝不会像我们这些被造物那样受制于时间和变化。但是,如果上帝在无时间或者完全处于时间之外的意义上是永恒的,那么我们就不能说上帝对未来的事件有**预知**。因为,预知意味着上帝位于某个时间点上,并且在那个时间点知道将来会发生什么;而如果上帝不在时间中,那么这些说法就没有意义了。诚然,我们必须说上帝知道所发生的一切。但是,如果上帝在无时间的意义上是永恒的,那么所发生的一切都必定是在一个永恒的当下为上帝所知道的,就好像上帝在那个特定时刻直接看到它的发生。因此,波埃修斯对于上帝的知识提出了如下说法:

> [上帝的知识]包含无限的过去和未来,它在其简单的把握中把所有事情都看作好像目前正在发生一样。因此,如果你愿意思考上帝用来区分所有事物的预知,你就会正确地认为它不是对未来事件的预知,而是关于一种永恒不变的现在的知识。①

人们已经发挥各种想象来说明上帝如何永恒地知道一个不断变化的世界。最简单的想象是对我们正在走的一条路的想象。路上的旅行者一步一步地前进。但是,上帝在路的上面,仿佛在时间之外一下子就看到他们的整个旅程和整条路。

如果我们接受对上帝的知识的这种永恒论的阐述,那么预知论证的第一个前提似乎就是错误的:我们再也不能说"上帝**在我们出生前的某个时刻**相信我们目前的行动会发生"。因此,我们目前的行动不会为过去(包括上帝过去的信念)所

---

① Boethius, *The Consolation of Philosophy* (New York: Bobbs-Merrill, 1962), prose VI.

第十三章 预先注定、神的预知与自由意志

必然化。因此，我们的行动甚至在意志自由论的意义上也可以是自由的，因为它们可能不是在时间上由所有过去的事件来决定的，即使它们是上帝无时间地知道的。上帝的**无所不知**可以与人类自由相调和，尽管上帝的**预知**不能与人类自由相调和；而且预知问题会得到解决。

真的会得到解决吗？人们已经对这种解决预知问题的方式提出了异议。许多异议都与神的无时间性的想法本身有关。一个无时间的存在怎么会知道一个不断变化的世界呢？时间中发生的事件怎么可能同时出现在上帝面前呢？如果上帝是无时间的，那么上帝如何与我们这样的有时间的被造物互动——就像圣经中上帝经常做的那样，对我们的行动做出反应和回应？那些坚持认为上帝永恒存在的人，已经试图捍卫对如下观点提出的这些异议：上帝在一种无时间的意义上是永恒的。但是，从我们的观点来看，更重要的问题是，把无时间的知识赋予上帝是否真的解决了神的预知和人类自由的问题。一些哲学家认为并非如此。

其中一些哲学家提出了如下问题：上帝的关于所有发生的事情的无时间的知识，是否与上帝的预知一样，会对我们的自由造成威胁？他们所要问的是，用罗维的话来说，"如果上帝**从永恒中**知道我们在这个特定时刻会做出什么选择"，那么我们怎能不这样做呢？琳达·扎格泽博斯基用如下说法来陈述这个异议："如果我们没有理由认为我们能够对上帝过去的

知识做点什么,那么我们同样没有理由认为我们能够对上帝的无时间的知识做点什么。"①为了支持这个主张,扎格泽博斯基提出了如下建议:我们可以表述一个与第四节中的论证类似的论证,以便它也可以应用于上帝的永恒知识。

我们可以用如下前提来取代原来的论证中的第一个前提(上帝在我们出生前的某个时刻相信我们目前的行动会发生):上帝从永恒中(无时间地)相信我们目前的行动会发生。既然上帝的无时间的信念也不可能是错误的,下面这件事情就是必然的:如果上帝从永恒中相信我们目前的行动会发生,那么我们目前的行动就会发生。但是,我们现在无论做什么都不能改变上帝从永恒中相信我们目前的行动会发生这一事实,我们现在无论做什么也都不能改变上帝的信念不可能是错误的这一事实。因此,我们现在无论做什么都不能改变我们目前的行动会发生这一事实。如果这个论证是正确的,那么看来上帝的无时间的知识就像上帝的预知一样对我们的自由造成威胁。扎格泽博斯基并没有声称这个论证必然反驳了神的无时间性的教义。但是,她认为这个论证确实表明,若不进一步加以论证,诉诸上帝的无时间的知识**本身**并不能解决神的预知和人类自由的问题。

---

① Linda T. Zagzebski, "Recent Work on Divine Foreknowledge and Free Will", in Robert Kane (ed.), *The Oxford Handbook of Free Will* (Oxford: Oxford University Press, 2002), pp. 45-64; quotation, p. 52.

六 奥卡姆主义解决方案:奥卡姆的威廉

中世纪哲学家奥卡姆的威廉(1285—1349)提出了一种解决预知问题的不同方案,这个方案得到了当代哲学家的广泛讨论。奥卡姆论证说,我们可以而且应该把对所有未来事件的真正**预**知赋予上帝。因此,他拒斥了波埃修斯和阿奎那的永恒论解决方案。为了理解上帝的预知如何能与人类自由相调和,奥卡姆转而诉诸一个微妙的区别,即把关于过去的事实区分为所谓"硬事实"(hard facts)和"软事实"(soft facts)。为了说明这个区别,假设:

(H) 1950 年 5 月 1 日午夜,亚当·琼斯出生在艾奥瓦州埃姆斯市的仁爱医院。

这是一个关于过去的**硬**事实。它在如下意义上只是一个关于过去的事实:它是一个关于 1950 年 5 月 1 日的事实,这并不取决于以后可能发生的任何事实。也没有任何人可以在以后做任何事情来改变下面这个过去的事实:亚当·琼斯出生在那个时间、那个地方。

但是,现在假设亚当·琼斯有一个儿子约翰,约翰生于 1975 年,在 2000 年 6 月 1 日午夜,约翰犯了谋杀罪。从那时起,下面这件事情就变成真的:

(S) 一个杀人犯的父亲(约翰的父亲亚当·琼斯)1950 年

5月1日午夜出生在埃姆斯的仁爱医院。

这是一个关于过去的**软**事实。它在如下意义上是**关于**过去的：它关涉一件在1950年发生的事情（亚当·琼斯出生）。但它**不只是**关于过去的，因为它是否为真还取决于后来在2000年发生的事情。不像上面提到的那个硬事实（1950年5月1日午夜，亚当·琼斯出生在埃姆斯的仁爱医院），这个软事实（一个杀人犯的父亲1950年5月1日午夜出生在埃姆斯的仁爱医院）在1950年5月1日到2000年6月1日**之间**的这段时间里，根本就不是一个关于过去的事实。（这个软事实只是在2000年6月1日之后才成为一个关于过去的事实。）

我们甚至可以假设，约翰在2000年谋杀某人是一个未被决定的**自由**行动，因此约翰本来就有可能采取与之前不同的行为。在这种情况下，那个软事实是否会成为一个**关于过去**的事实就会**在2000年**"取决于约翰"。但亚当·琼斯于1950年5月1日出生在埃姆斯这一硬事实却并非如此。1950年5月1日之后，约翰或其他任何人都无法改变这个硬事实。

奥卡姆认为，尽管关于上帝的预知的事实是关于过去的，但它们都是关于过去的软事实，而不是硬事实。它们不仅仅是关于过去的，因为它们涉及并要求未来事件的真相。因此，当且仅当约翰在2000年犯下谋杀罪时，上帝在更早的时候知道约翰将在2000年犯下谋杀罪才是一个事实。奥卡姆接着论证说，虽然我们无法影响关于过去的硬事实，但我们有能力影响关于过去的软事实。如果约翰的谋杀是一个自由行动，那么约翰本可以不这样做；他本来就有可能避免杀人。如果他克制自己而不去杀人，那么上帝**在更早的时候**就会知道约翰会克制自己，而不是知道约翰会杀人。

在这里我们必须谨慎一点。奥卡姆并不是在说，约翰在这个意义上采取与之前不同的行为的能力是一种**改变**上帝先前所相信的事情的能力。我们不是要去想象上帝早就知道约翰会杀人，而约翰则通过克制改变了上帝预知的事情。那样做是要假设上帝的预知是一个关于过去的**硬**事实，而我们不能改变关于过去的硬事实。但是，如果上帝的预知是一个软事实，它就不需要被改变。因为如果约翰已经克制自己而不去杀人，那么那个软事实自始至终就会完全不同了：上帝在更早的时候就已经预知约翰会克制自己，而不是预知约翰会去杀人。

这个解决方案肯定很微妙。但它引发的问题还不少。我们能相信神的预知真的是一个关于过去的软事实吗？如果上帝对一个未来的事件有预知，看来上帝就必须在更早的时候相信那个事件会发生。但是，上帝过去持有的信念，就像其他任何东西一样，似乎同样可以被合理地看作一个关于过去的硬事实。如果你或我今天相信一个未来的事件（比如地震）明天会发生，那么我们今天有这个信念这一事实将是一个硬事实：明天地震（或者其他任何事情）是否会发生，这都不会影响我们**今天相信**它会发生这一事实。但是,奥卡姆主义者会指出,上帝的信念不同于你的或我的信念。上帝的信念不可能是错误的。因此,上帝今天是否**有**某个信念取决于明天会发生什么。相比之下,对于你和我来说,我们的信念是否为真将取决于未来,但我们今天**有**那个信念这一事实并不取决于未来。

然而,在上帝的信念那里,这种被承认的差别导致了进一步的困惑。如果约翰在 2000 年 6 月 1 日杀害他人是一个**自由**行动,那么约翰本来就可以采取与之前不同的行为——他本来也可以克制自己;不管约翰做什么,上帝在任何更早的时候都会知道。因此,看来约翰在 2000 年 6 月 1 日这一时刻有能力决定**上帝在任何更早的时候预知的事情**。这似乎可以维护约翰的自由意志。因为约翰的自愿行动**最终**要为上帝在更早的时候预知的事情**负责**,而不是反过来。但是,约翰的自由意志似乎是通过使上帝的预知变得相当神秘来得到维护的。因为上帝在任何更早的时候的预知,**甚至在约翰存在之前**的预知,现在似乎都取决于约翰在这个时刻所做的事情。

奥卡姆主义者对上帝的预知的理解还有一个令人困惑的特点。假设现在是 1990 年。我们真的能在 1990 年说上帝**那时**就预知约翰会在 2000 年犯下谋杀罪吗?显然不能,因为上帝在 2000 年 6 月 1 日之前所相信的事情,**直到约翰在 2000 年 6 月 1 日以某种方式行动的时候**,才被确定下来。如果上帝对一个未来的自由行动的预知在这个意义上是一个关于过去的软事实,那么,看来只有到了那个自由行动完成之后,它才会**成为**一个关于过去的事实。上帝的预知将会类似于上面提到的那个软事实,即一个杀人犯的父亲在 1950 年 5 月 1 日出生于埃姆斯,而只有到了 2000 年 6 月 1 日约翰·琼斯犯了谋杀罪之后,这个事实才成为一个关于过去的事实。

如前所述,以这种方式来设想自由行动确实维护了自由意志,因为这种做法似乎使上帝的预知取决于我们的自由行动,而不是反过来。但是,这确实让上帝的预知变得难以理解。奥卡姆自己也承认了这一点。他说:"我认为,要说清楚上帝究竟是如何知道未来的[自由行动]是不可能的。不过,我们必须认为他确实知道。"

七 莫利纳主义解决方案

对预知问题的第三个解决方案源于一位中世纪晚期思想家,即西班牙耶稣会哲学家和神学家路易斯·德·莫利纳(1535—1600)。就像奥卡姆一样,莫利纳也拒绝接受波埃修斯和阿奎那对预知问题的永恒论解决方案。但是,在上帝如何能预知未来的自由行动这一问题上,莫利纳找到的答案比奥卡姆所能给出的答案更好。为了说明这个问题,莫利纳引入了上帝的"中间知识"概念。

莫利纳首先区分了上帝将会具有的三种知识。第一种是上帝对一切**必然的**或**可能的**事物的知识。既然上帝无所不知,他就知道一切**必定如此**的东西,也知道每一个可能性——一切**有可能**存在的事情。此外,通过第二种知识,在**偶然的**事物(那些可能存在,也可能不存在的事物)当中,上帝会知道哪些**实际**上存在了,因为上帝**愿意**它们存在,而不是因为它们是必然的。但是,按照莫利纳的说法,在上帝具有的这两种知识之间,还有另一种:

> 第三种是中间知识。由于上帝对每个自由意志具有最深刻、最不可思议的把握,他就凭借这种知识在自己的本质中看到,每一个这样的意志,如果被置于这样或那样的情况下,或者实际上被置于无限多的事物秩序中,将会用其与生俱来的自由来做什么——即使只要它愿意,它实际上也能做对立的事情。①

因此,中间知识是上帝具有的关于自由的被造物将如何行使其自由的知识。按照莫利纳的说法,凭借中间知识,上帝预知每一个自由的被造物**若**被置于任何可能的情况**就会**做什么,即使这个被造物并没有被决定去做自己实际上所做的事情。比如,凭借中间知识,上帝就会知道:

---

① Luis de Molina, *On Divine Foreknowledge* (translated with an introduction by Alfredo Freddoso, Ithaca, NY: Cornell University Press, 1988), Disputation 52, paragraph 9.

(1)如果使徒彼得被问及他(在某个时间和某种情况下)是不是耶稣的追随者,彼得就会自由地否认他是耶稣的追随者。

(2)如果达拉斯的一家律师事务所(在某个时间和某种情况下)给莫莉提供一份工作,她就会自由地选择这份工作。

上帝会通过中间知识知道这些事情,即使彼得和莫莉都没有被决定去做他们实际上所做的事情,而且他们本来都可以采取与之前不同的行为。

像上述两个命题这样的命题被称为"**关于自由的反事实条件句**":它们描述了行动者在各种不同的情况 C(在这里,假设情况 C 并没有决定他们将如何行动)中会自由地做什么。**如果**行动者在情况 C 下将会做 A 这件事没有被必然化或者没有被决定,那么上帝怎么能知道这种关于自由的反事实条件句是否为真呢?莫利纳坚持认为,上帝不能通过第一种知识(关于必然性的知识)来预知这种反事实条件句是否为真,因为未来的自由行动不是必然发生的。上帝也不能通过知道自然法则和过去而提前知道自由的被造物(比如彼得和莫莉)将会自由地做什么,因为按照假设,过去和自然法则并没有决定他们将会做什么。上帝也不能通过知道彼得和莫莉的品格、动机和个性来知道他们将要做什么,因为他们的品格、动机和个性也没有决定他们可能会以几种方式中的哪一种方式行动。

最后，上帝也不能通过莫利纳所说的**第二种**知识（上帝具有的关于上帝自己已经**希望**他们做什么的知识）来知道彼得和莫莉在这种情况下会**自由地**做什么。因为自由的被造物并不总是做上帝所希望的事情（正如在彼得的情形中）；而且，如果正是上帝的意志**促使**被造物去做他们似乎自由地做的一切事情，那么上帝最终就会对被造物的恶行负责，正如上帝会对他们的善行负责。

因此，上帝既不是通过第一种知识也不是通过第二种知识而知道关于自由的反事实条件句是否为真。然而，莫利纳坚持认为，关于彼得在其面临的情况下会做什么，莫莉在其面临的情况下会做什么，一定有可以被知道的真相，即使两人都没有被决定去做自己所做的事情。而且，如果他们实际上做的事情是有真相可言的，那么，既然上帝**无所不知**，上帝就必须凭借对每个自由意志的"最深刻、最不可思议的把握"而知道这个真相。诚然，上帝不会使他们执行任何特定的行动。行动者会按照自己的自由意志行动。但上帝会"在自己的本质中看到，每一个这样的意志，如果被置于这样或那样的情况下……将会用其与生俱来的自由来做什么"。

莫利纳主义者论证说，如果上帝没有这种中间知识，那么耶稣本来就不能知道彼得会自由地否认自己是耶稣的追随者；上帝本来也无法预见圣经中的人物会自由地做什么。例如，在《撒母耳记》第一卷中，上帝预见并预言说，如果大卫留

第十三章 预先注定、神的预知与自由意志

在基伊拉城,扫罗就会自由选择围攻基伊拉城。莫利纳主义者坚持认为,若没有中间知识,在涉及人类自由行动的地方,预言就是不可能的;上帝的天意及其在创世过程中控制一切事件的能力就会受到限制。

不过,我们还是很难理解上帝如何能够具有关于自由的被造物将会做什么的中间知识。(莫利纳自己说,这涉及"对每个自由意志的不可思议的把握"。)莫利纳主义的批评者进一步指出,中间知识是不可能的。他们关注的是莫利纳的如下主张:关于彼得若被置于某些情况下会做什么,莫莉在其面临的情况下会做什么,**一定有可以被知道的真相**,即使两人都不是被这些情况决定去做自己所做的事情。但是,在彼得和莫莉实际上做自己所做的事情**之前**,**有**一个关于他们将会自由地做什么的真命题吗?在行动者自己采取行动之前,会有什么**使得**"若被置于情况 C 下,行动者就会自由地做 A"这种关于自由的反事实条件句**为真**呢?正如我们已经看到的,这种反事实条件句不是必然为真的。它们不因自然法则而为真。它们也不因上帝希望它们为真而为真。(否则上帝就会被牵连到所有自由的人类行动中,不管那些行动是善良的还是邪恶的。)

在反思这些问题时,罗伯特·亚当斯和威廉·哈斯克之类的莫利纳主义的批评者论证说,没有什么东西使得关于自

285

由的反事实条件句为真。① 因此,他们说,关于自由的行动者在行动**之前**会做什么,**没有任何**可以被上帝或其他任何人知道的真相。正如亚当斯所指出的,关于自由的行动者在行动之前**可能**会做什么,也许是有真相的;既然上帝无所不知,他就会知道这种真相。例如,如下说法可能是真的:"如果莫莉处于情况 C 下,那么她**很可能**就会选择加入达拉斯的律师事务所。"因为如果她的选择是未被决定的,那么可能就有一些关于莫莉的品格、动机和情况的事实使她将会做出这个选择这件事情变得很可能发生(尽管不是一定会发生)。当然,也可能有其他的事实使她有可能会选择奥斯汀的事务所。(毫无疑问,还有其他一些关于莫莉的事实使下面这件事情变得**极不可能**:她不会选择任何一家事务所,反而决定成为一名西雅图祖胸舞者。)

总而言之,可能有一些事实支持关于自由行动者**可能会**做什么和**可能不会**做什么的陈述;上帝会知道这些事实。但是,按照莫利纳主义的批评者的说法,没有任何事实足以使得如下说法为真:莫莉这样的自由行动者在采取行动**之前肯定**会做出一种选择而不是另一种选择。你可能会猜到,莫利纳主义的捍卫者拒绝接受这种批评。他们论证说,尽管关于自

---

① Robert Merrihew Adams, "Middle Knowledge and the Problem of Evil", *American Philosophical Quarterly* 14 (1977): 1–12; William Hasker, "Middle Knowledge: A Refutation Revisited", *Faith and Philosophy* 12 (1995): 223–236.

由行动者的品格和情况的事实以及关于自然法则的事实不足以使得关于自由的反事实条件句为真,但在事物的本质中,一定有一些关于行动者在各种情况下会用自己的自由来做什么的真命题。如果上帝真的是无所不知的,上帝就会知道这些真命题。

八 "开放的有神论"观点

解决预知问题的第四个也是最后一个方案是"开放的有神论"观点。这种观点的捍卫者认为,对预知问题的任何先前的解决方案都不令人满意。他们相信唯一的出路是否认上帝对未来的自由行动**具有**预知。按照这种开放的有神论观点,未来是真正"开放的",哪怕是上帝也不知道自由的行动者在行动之前会做什么。在宗教思想史上,只有少数孤立人物持有这种观点。但是,否认上帝具有关于未来的**完备**知识,这往往被认为是不正统的,即便不是可耻的。然而,在 20 世纪,阿尔弗雷德·诺斯·怀特海和查尔斯·哈茨霍恩等"过程哲学家"复兴和捍卫了这种"开放的有神论"观点。他们论证说,对神的预知和人类自由问题的正统解决方案是不恰当的。[①] 最

[①] 怀特海和哈茨霍恩是开放的有神论观点的主要捍卫者,对他们的过程神学的优秀介绍,见 David Griffin and John B. Cobb, *Process Theology: An Introductory Exposition* (Philadelphia: Westminster Press, 1976)。

近几十年来,其他哲学家和神学家也为开放的有神论辩护,但他们不一定接受过程哲学家的所有形而上学预设。①

开放的有神论者强调,否认上帝对未来的自由行动具有预知并不意味着放弃上帝**无所不知**这一观点。这听起来有点自相矛盾,但他们认为实际上并非如此:因为他们承认上帝**确实**知道正在发生和已经发生的一切。没有任何发生的事情不为上帝所知。但是未来**尚未发生**,还不是真实的。因此,就自由的行动而论,就没有什么真实的东西有待知道,至少**现在还不知道**。上帝知道已经发生的事情,知道自然法则和逻辑规律,因此上帝就**能**知道未来的必然事件或者被决定发生的事件。因此,上帝可能知道许多关于未来的事情、关于星辰运动和岩石下落的事情以及许多其他事情。但是,人类行动之类的并非必然或者没有被决定的事件就另当别论了。它们还不是真实的,它们可能会发生,**也可能**根本不会发生。不知道**不存在**(或尚未存在)或者**不真实**(或还不真实)的东西,这并不是无所不知的欠缺。当所有这种未来的事件变得真实时,上帝就会知道它们,但不是在它们变得真实之前。

按照开放的有神论观点的捍卫者的说法,这种观点为上帝与其所创造的世界、与人类的互动提供了一种更自然的描述,正如有神论经文所描述的那样。上帝赋予人类自由意志,

---

① Clark Pinnock, Richard Rice, John Sanders, William Hasker, and David Basinger, *The Openness of God* (Downers Grove IL: InterVarsity Press, 1994).

但事先不知道他们会用自己的自由意志做什么。然后,人类用这种自由意志去行善或作恶。上帝等着看他们会做什么,然后通过奖励或惩罚他们对他们做出相应的回应。按照开放的有神论观点,这是对经文的符合常识的简洁解释。人类的自由意志得到维护,正是人类而不是上帝最终要对他们自己的自由行动负责。而且,上帝的良善和正义得到维护,因为上帝由于我们最终要负责的行动而公正地惩罚或奖励我们。

既然这种解决预知问题的方案很简洁,人们可能想知道为什么许多有神论者认为开放的有神论观点是不正统的,为什么它没有得到更广泛的接受。答案是,这个方案要求对传统神学关于上帝的本质的观点做出重大修改。按照这种开放的有神论观点,上帝就不再可以被认为是不变的或永恒的,而这是往往被赋予上帝的另一个重要属性。随着世界的展现,上帝知道了他从永恒中所不知道的许多事情;因此上帝就发生了变化。上帝也不再可以被设想为无时间的或者超越了时间的。人们仍然可以说上帝是永恒的,但这不再意味着超越了时间,而是意味着上帝存在于**任何**时间中。

人们在传统上还认为,上帝是万物的原因或创造者,但不是任何事物的结果。上帝是不动声色的,不受一个不断变化的世界影响。然而,按照开放的有神论观点,看来当上帝开始知道我们的所作所为时,上帝就受到了我们的影响。换句话说,上帝不再是不动声色的。开放的有神论观点似乎也要求我们对预言采取一种不同的看法。上帝可以确定地预言地震和其他自然灾害,但在涉及人类自由行动的地方,比如彼得的否认或者扫罗自由地选择围攻基伊拉城,上帝只能提前知道这些行为可能会发生,但不会确定地知道。这是许多有神论者无法接受的一个限制。

开放的有神论者可以用如下说法来回应(许多人确实这样来回应):我们需要重新思考对上帝的本质的传统理解。认为一个完美的存在会完全超越时间和变化,不动声色,或者不受不断变化的事物影响,而且知道关于未来的一切,这是一种在古希腊哲学中有其起源的对完美的看法,但它不是来源于圣经传统。他们可能会论证说,我们需要的是重新思考完美的观念,或者重新思考说上帝是完美的究竟意味着什么。相比之下,那些不愿意放弃思考上帝的传统方式、不能接受这种开放的有神论观点的人,就必须依靠本章所讨论的解决预知问题的其他方案;或者他们必须想出一个目前未知的解决方案。

建议阅读材料

圣奥古斯丁阐述预知和自由的经典著作是:Augustine, *On the Free Choice of the Will* (Bobbs-Merrill, 1964),如下文集收录了这部著作的节选:Robert Kane (ed.), *Free Will* (Blackwell,

2002)。关于神的预知和人类自由的两部值得推荐的一般研究论著是:William Hasker, *God, Time and Knowledge* (Cornell, 1989); Linda T. Zagzebski, *The Dilemma of Freedom and Foreknowledge* (Oxford, 1991)。关于路易斯·德·莫利纳的观点,见 Luis de Molina, *On Divine Foreknowledge* (translated by Alfredo Freddoso, Cornell, 1988),该著作的译者也撰写了一篇有益的介绍。当代对莫利纳主义观点的最彻底的捍卫参见 Thomas Flint, *Divine Providence: The Molinist Account* (Cornell, 1998)。关于罗伯特·亚当斯对莫利纳主义的批评,见 Robert Merrihow Adams, "Middle Knowledge and the Problem of Evil", *American Philosophical Quarterly* 14, 1977。对开放的有神论观点的捍卫,见 Clark Pinnock, Richard Rice, John Sanders, William Hasker, and David Basinger, *The Openness of God* (InterVarsity, 1994)。如下著作条理清晰地介绍了怀特海和哈茨霍恩等过程哲学家的开放的有神论观点:David Griffin and John B. Cobb, *Process Theology: An Introductory Exposition* (Westminster, 1976)。

第十四章　结语：五种自由观

一　自我实现的自由

自由意志问题难以解决的其中一个原因是,"自由"是一个有很多含义的词。至少有五个不同的自由概念进入了本书的讨论范围。反思一下这五个概念是回顾本书的论证以及关于自由意志的争论的一种有用方式,因为这五种自由观在关于自由意志的历史争论中都发挥了重要作用。

五种自由中的第一种是第二章中古典相容论者所强调的自由。我们可以称之为：

自我实现的自由：做我们想要做或渴望去做的事情的**力量**或**能力**,而这要求没有外在**约束**或**障碍**阻止我们

第十四章 结语:五种自由观

在行动中实现我们的欲望和目的。

正如我们已经看到的,可能破坏这种自我实现自由的约束有很多种——被关进监狱或被绑起来(身体束缚)、强迫或武力(有人拿枪指着一个人的头)、瘫痪和其他形式的失能、威胁或胁迫、缺乏机会、政治压迫等等。这些约束在如下意义上是外在的:它们是我们意志之外、阻止我们在行动中实现我们的意愿(以及自我实现的自由)的障碍。古典相容论者在谈论自由时往往关注这些外在约束。他们很少谈到意志内部的约束,例如可能也会对自由产生影响的强制、痴迷、神经症和成瘾。这些内在约束随着我们在下一节中要考虑的第二种自由一道出现。

描述这种自我实现的自由的另一种方式是说,它包括第一章中所有被称为"表层的行动自由"的东西——买我们想要的东西的自由,去我们想去的地方的自由,按照我们选择的方式来生活的自由,不受他人干扰或骚扰的自由。这种表层自由也是《瓦尔登湖第二》中的乌托邦社区所强调的,在这个社区中,居民可以做自己想做的任何事情(尽管他们从小就受到了社会训练,只想要他们能够拥有的东西和做他们能够做的事情)。在瓦尔登湖第二中,不需要以强迫或惩罚来迫使居民做他们不想做的事情。因此,按照自己的愿望来行动的表层自由就得到了最大化——尽管是以牺牲其他形式的自由为代价。

正如霍布斯、休谟和密尔之类的古典相容论者所论证的那样,这种自我实现的自由与决定论是相容的。即使我们的意愿是由我们无法控制的环境所决定的,我们也可能有在行动中不受阻碍地实现我们的意愿的自由。因此,自我实现的自由是一种相容论的自由。如果这就是唯一值得向往的自由,那么自由就会与决定论相容,就像古典相容论者所论证的那样。

但是,如果在自由意志争论中有至关重要的不同种类的自由,那么相容性问题("自由与决定论相容吗?")就太简单了。问题应该是:"**在每一个重要的意义上值得向往**的自由是否与决定论相容?"那些反对古典相容论的人不一定要论证说,仅仅因为自我实现的自由与决定论相容,它就不是一种值得向往的合法自由。即使我们生活在一个被决定的世界里,我们也宁愿摆脱身体束缚、强迫、瘫痪、威胁、恐吓、压迫以及其他诸如此类的外在约束,而不是不愿摆脱这些东西。哪怕是在一个被决定的世界中,这些相容论的自我实现的自由也比其对立面更可取。因此我们不必否认它们是有价值的自由。

而且,自我实现的自由还包括我们高度重视的所有**社会与政治**自由——无所畏惧地说出自己的想法的自由,与我们喜欢的人交往的自由,不受任意搜查和扣押的自由,不受恐吓地投票和参与政治进程的自由,等等。这种不受外在约束的自由对于我们构想**人权**和定义自由社会来说是必不可少的。因此,问题不在于古典相容论者所强调的自我实现的自由是不是一种值得向往的重要自由。它当然是。问题在于,自我实现的自由是不是**唯一**值得向往的自由,以及至少其他某些值得向往的自由是否与决定论不相容。

二 (反思性)自我控制的自由

我们讨论过的第二种自由是第九章和第十章中的"新"相容论者所强调的那种自由,这些理论家包括法兰克福、沃森、华莱士和费希尔,以及柏拉图、亚里士多德和斯多亚学派之类的古代思想家。我们可以把这种自由称为:

> (反思性或理性的)自我控制的自由:**理解**和反思性地**评价**一个人想要据以行动或应该据以行动的理由和动机,并按照这种反思性地加以考虑的理由来**控制**自己行为的能力。

要明白这种反思性自我控制的自由如何超越了自我实现的自由,最好的方法就是考虑法兰克福的"**放荡者**"概念。放荡者是这样一种人:他们冲动地按照自己的欲望来行动,而不反思他们应该或不应该具有什么欲望。正如法兰克福所指出的,这种存在者无法拥有关于哪些一阶欲望应该促使他们采取行动的二阶欲望,因此他们就缺乏拥有完整的意志自由的条件。放荡者只是被他们的一阶欲望牵着走,而不反思他们想要或应该拥有的欲望。

值得注意的是,这个意义上的放荡者可能有一定程度的**自我实现的自由**,可能没有外在约束阻止他们去做自己所欲求的任何事情。但是,他们缺乏法兰克福所说的**反思性自我评价**的能力——反思他们想要什么欲望来促使他们行动的能力。由于缺乏反思性自我评价的能力,放荡者也缺乏按照自己的反思和理性判断来控制自己欲望的能力。因此,他们也缺乏**反思性自我控制**的能力,尽管他们可能有一定程度的自由去在行动中实现自己的欲望,因而也有一定程度的自我实现的自由。

为了理解反思性自我控制的自由如何超越了自我实现的自由,我们还可以考虑法兰克福的不情愿的上瘾者。与放荡者不同,这样一个人能够进行反思性的自我评价。不情愿的上瘾者不想按照他对毒品的欲望行动。但是,他无论如何都无法抵抗这种欲望,因此也无法按照自己的反思来控制自己的行为。因此,虽然上瘾者有**反思性自我评价**的能力,但他缺乏**反思性自我控制**的能力。要进行反思性的自我控制,一个人不仅要有能力反思自己想要拥有或应该拥有的欲望或其他动机(因此与放荡者不同),还要有能力按照这些反思来控制自己的行为(而这是不情愿的上瘾者不能做到的)。

正如法兰克福所指出的,反思性自我控制的自由允许人们考虑对意志的内在约束,例如强制、痴迷、成瘾和神经症,而这些都是为古典相容论者所忽视的。这种内在约束也会破坏自由,甚至在没有外在约束阻止我们做自己想做的事情的情况下,内在约束也能破坏自由。任何外在因素都无法阻止上瘾者远离毒品。没有谁在强迫他吸毒。但他无论如何都无法抵抗吸毒,因此他就内在地受到了**他自己的意志**的约束。他有一定程度的**外在**行动自由,或者说自我实现的自由,但他缺乏反思性自我控制的**内在**自由。

正如我们已经看到的,法兰克福按照**高阶欲望**来解释反思性自我控制的自由。其他新相容论者则提出了不同的解释,但他们都是在描述一个相似的概念。例如,沃森从**价值观**和**欲望**的角度来描述反思性自我控制。价值观就是让我们通过实践推理得知我们最好做什么或应该做什么的那种东西。这个意义上的价值观可以与欲望相冲突。我们的理性可以告诉我们,若想保持健康,我们就应该锻炼(保持健康是一种价值观),但我们却想看电视。当欲望在这种冲突中胜出时,我们就会因为**意志软弱**而感到内疚。相比之下,当我们能够使我们的欲望符合我们的价值观或者我们对自己应该做什么的理性判断时,我们就有了**反思性自我控制**能力。因此,沃森的观点与法兰克福的观点相似,尽管他没有谈论高阶欲望支配一阶欲望,而是谈论价值观或理性判断支配欲望或激情。

沃森还指出了反思性自我控制的观念和柏拉图对理性与欲望的区分之间的联系。柏拉图曾经把理性和欲望说成灵魂的两个部分,它们可以彼此交战,就像两匹马往不同的方向拉战车。当这种情况发生时,我们的灵魂就缺乏和谐,我们的欲望就不受控制。在缺乏对欲望的控制的情况下,我们就是不自由的。相反,当两匹马同心协力地拉战车时,灵魂就是和谐的。我们的欲望符合我们的理性,我们进行了**理性的自我控制**,而这就是**反思性自我控制**的另一个名字。

这种理性的或反思性的自我控制真的是一种自由吗?柏拉图认为是。不断为不受约束和控制的欲望所驱使是不自由的。身处这种状况就是成为"个人激情的奴隶",而成为奴隶就是不自由。相比之下,控制自己的欲望和激情就是自由。诚然,这是一种与自我实现的自由不同的自由,自我实现的自由是在行动中实现自己欲望的自由,**不管**一个人的欲望可能是什么(是得到控制的还是不受控制的)。但是,反思性自我控制的自由仍然是一种自由。事实上,柏拉图和许多其他古代思想家(例如斯多亚学派)都认为,反思性自我控制的自由是"真正的"自由,因为它意味着灵魂在控制自己。

其他的新相容论者,比如华莱士和费希尔,将反思性自我控制的自由与**道德责任**联系起来。华莱士论证说,为了被看作道德上负责任的,人们就必须有"把握和运用道德理由……并按照这些理由来控制……[他们的]行为的能力"。简言之,道德上负责任的行动者必须具有反思性自我控制的能力。缺乏这种能力的人,比如精神失常者和严重智力障碍者,通常可以被免除责任。例如,要在法庭上追究行动者的责任,我们要求他们"能够理解对与错的区别,并按照这一知识来控制自己的行为",那些被判定为精神失常或没有正常精神能力的人(或者其他不满足这一条件的人)被免除责任。他们缺乏**规范能力**,即正确地把握道德规范或行为规则并按照这种规范来控制自己行为的心理能力。

重要的是,关于**责任**的问题是随着第二种自由即反思性自我控制的自由而进入这幅图景的。相比之下,第一种自由即自我实现的自由仅仅在于能够做你想做的事情,不管它可能是什么。关于责任的问题无须进入自由只是缺乏外在障碍这一概念中。就自我实现而言,问题是:"我能得到我想要的东西吗?"就反思性自我控制而言,有一个进一步的问题,即"我应该想要什么?"因此,当一个人超越自我实现的自由而进入反思性的自我控制时,关于自由和责任的问题就变得相互缠绕;当他由此而开始考虑进一步的自由时,它们仍然交织在一起。

尽管反思性自我控制的自由在这些方面超越了自我实现的自由,但它还是一种**相容论**的自由。正如我们在第九章和

第十章中已经看到的,法兰克福、沃森和华莱士之类的新相容论者论证说,具有反思性地评价自己行动的理由并按照这些评价来控制自己行为的能力,是一种与决定论相一致的自由。哪怕是在一个被决定的世界里,我们也可以把两种人区分开来——一种人的理性能控制欲望,另一种人则缺乏这种反思性的自我控制,比如放荡者、成瘾者或强迫症患者;而且,即使决定论是真的,我们也可以区分两类人——一类是那些"能够理解对与错的区别,并能按照这种知识来控制自己行为"的人,另一类是那些因为精神失常或智力不全而缺乏这种规范能力的人。

事实上,我们已经看到,法兰克福和华莱士等新相容论者论证说,反思性自我控制甚至并不要求**可供取舍的可能性**或者**采取与之前不同的行为**的能力。如果人们的欲望总是为其理性或理性判断所控制,那么他们就不可能不这样做,否则他们就会屈从于意志软弱,或者被不受控制的欲望支配,从而缺乏反思性的自我控制;如果反思性自我控制的自由并不要求采取与之前不同的行为的能力或者并不要求可供取舍的可能性,这就会进一步成为认为它与决定论相容的理由。

三 自我完善的自由

第九章描述的苏珊·沃尔夫的观点示范了第三种自由。

不过,这种自由也是一种在古代哲学和中世纪哲学中有其根源的自由。回想一下,沃尔夫认为,法兰克福和沃森所描述的反思性自我控制能力对自由和责任来说是必要的,但并不充分,必须补充其他东西。在沃尔夫看来,真正的自由和责任不只要求反思性的自我评价和控制,还要求行动者能够"出于**正确**理由做**正确**事情"或者"按照真与善来行动"。我们可以将这种能力称为:

> **自我完善的自由**:理解和明白行动的正确理由,并按照正确理由来引导自己的行为的能力。

人们马上想问:"正确的"理由是什么?谁来决定正确的理由是什么?这些都是与自我完善的自由相联系而自然地出现的重要问题。很遗憾,对这些问题的全面讨论将使我们超出本书的范围,进入伦理学和伦理哲学的领域。但我们至少可以从如下问题入手来处理这些关于行动的正确理由的问题:沃尔夫这样的哲学家为什么认为自我完善的自由是重要的,这种自由又如何被认为超越了反思性自我控制的自由?

为了说明为什么反思性自我控制不足以带来真正的自由和责任,沃尔夫引入了一个独裁者之子的例子:

> 乔一世(Jo the First)是一个很小的不发达国家的邪

恶的、残酷成性的独裁者,乔乔是他最喜欢的儿子。由于父亲对这个男孩的特殊感情,乔乔获得了特殊的教育,并被允许跟在父亲身旁,观察他的日常生活。在这种情况下,不足为奇的是,小乔乔以父亲为榜样并培养出与父亲极为相似的价值观。成年后,他做了很多和他父亲一样的事情,包括一时兴起就把人送进监狱、处死他们或者用酷刑折磨他们。他不是**被迫**做这些事,而是按照自己的欲望来行动。而且,这些欲望都是他完全**想要**拥有的。当他退后一步问道:"我真的想要成为这样的人吗?"他响亮地回答说:"是的。"因为这种生活方式表达了一种疯狂的力量,而这是他的最深理想的一部分。①

沃尔夫是在说,乔乔具有法兰克福和沃森等哲学家所描述的反思性自我评价和控制的能力。在法兰克福的意义上,乔乔"全心全意地"决定成为一个残酷成性的独裁者。他有"他想要拥有的意志":他的一阶欲望符合他的二阶欲望。用沃森的措辞来说,乔乔的欲望符合他最深刻的**价值观**或理想。他的理性和欲望是同步的。乔乔的虐待欲尽管可能令人反感,但仍然表达了他在效仿父亲的过程中选择成为的那个"真实自我"或"深层自我"。然而,沃尔夫论证说:"考虑到乔乔的

---

① Susan Wolf, "Sanity and the Metaphysics of Responsibility", in Robert Kane (ed.), *Free Will* (Oxford: Blackwell Publishers, 2002), p. 153.

出身和成长经历(这两者都是他无力控制的),他是否应该为自己的所作所为负责从最好的方面来看也很值得怀疑。我们不清楚,拥有这样的童年的人,除了变成他现在已经成为的那种扭曲、乖张的人,还能成为什么样的人。"

因此,沃尔夫认为乔乔没有责任,因为其成长环境是他无法控制的。然而,乔乔具有法兰克福和沃森所描述的那种反思性自我评价和控制的能力。那么,是什么东西的缺失,导致了他不能负责呢?

沃尔夫拒斥了不相容论者和意志自由论者提供的答案。采取第十一章所发展的论证路线的不相容论者和意志自由论者会这样说:要知道乔乔是否要为他现在成为的样子负责,我们必须更多地了解他的背景。如果他父亲对他成长的影响确实是如此深刻,以至乔乔是**被决定**而成为他目前的样子的——如果乔乔无论如何都不能采取其他做法来避免这种压倒性的影响,那么他最终就不会对自己目前的样子负责。但是,沃尔夫不能接受不相容论者或意志自由论者提出的回答,因为这种回答会要求乔乔和我们其他人最终有能力以一种未被决定的方式设法将我们最深的自我创造出来。但是,就像第七章所讨论的自由意志的怀疑论者盖伦·斯特劳森和尼采一样,沃尔夫并不认为这种终极的自我创造是可能的。她说:"无论我们是被决定的还是未被决定的,我们都不可能把我们最深的自我创造出来。字面意义上的自我创造不仅在经验上是不可能的,而且在逻辑上也是不可能的。"①

那么,按照沃尔夫的说法,究竟缺失什么东西才可以证明乔乔没有责任呢?她的回答是,乔乔因为其堕落的成长环境而缺乏"辨别是非的能力"。她说:"假若一个人**甚至在经过反思后**也无法明白由于别人没有向你行礼而对他施以酷刑是错误的,那么这个人显然缺乏必要的能力。"简言之,乔乔缺乏**自我完善的自由**。由于他受到的教育,他**无法**"理解和明白行动的正确理由,并按照正确理由来引导自己的行为"。在这方面,乔乔不像大多数人。虽然我们其他人也可能是由我们的成长环境塑造的,但我们大多数人已经接受的教育使我们能够明辨是非。我们有时可能没有出于正确理由做正确事情,但我们**能够**这样做,因为我们能够辨别是非,并由此引导我们的行为。乔乔的成长环境让他完全无法做到这一点。

沃尔夫接着补充说,乔乔所缺乏的这种自由("出于正确理由做正确事情"或者"按照真与善来行动"的能力)与决定论是相容的。她论证说,乔乔之所以变成现在的样子,不**只是**因为他是被决定的。我们可能都是由我们的成长环境决定的。但是,乔乔之所以成为他现在的样子,是因为**他受到的**特殊教育是如此变态和糟糕,以至他无法出于正确理由做正确事情。换句话说,在谈到负责任的行动者时,决定论并不是那

---

① Wolf, "Sanity and the Metaphysics of Responsibility", p. 154.

第十四章 结语:五种自由观

个决定性的因素。重要的是我们接受了**什么样**的教育。如果孩子们在生活中没有正确的开端,他们就不会成为负责任的行动者。按照沃尔夫的观点,自我完善的自由不仅与决定论相容,甚至也与没有可供取舍的可能性或者没有采取与之前不同的行为的能力相容。她论证说,当一个人具有按照真与善来行动的能力时,他就有了自我完善的自由。但是,即使"一个人是在心理上被决定出于正确理由去做正确事情",他也可以具有这种能力。

这一切都让我们很想知道,自我完善的自由是否真的是一种**自由**。好吧,它不是流行的现代意义上的自由。在现代,我们已经开始认为自由就是做我们想要做的任何事情的能力——不管这些事情是我们出于正确的理由而做的正确事情,还是出于错误的理由而做的错误事情。简言之,流行的现代自由概念很像第一种自由,即自我实现的自由。但是,情况并非总是如此。事实上,自我完善的自由,就像反思性自我控制的自由一样,在自由的思想史上也发挥了一个重要作用。

例如,在中世纪,自我完善的自由被赋予天堂中的圣徒,他们不再具有作恶的能力。圣徒直接看到上帝,因此,除了按照真与善来行动,他们别无选择。他们已经达到了一种**脱离了罪、摆脱了作恶的诱惑**的完善状态,而正是这种诱惑在我们的堕落状态中折磨着人类。当然,这不是我们流行的现代意义上的自由。然而,在中世纪,它不仅被视为一种自由,还被

305

看作一种理想的自由,因为它是上帝所拥有的自由,而之所以如此,是因为上帝也不能作恶。在中世纪哲学中,总是有一个关于上帝怎么能够具有自由意志的难题,因为上帝不能作恶,除了按照真与善来行动,他不可能采取与之前不同的行为。令人费解的是,我们人类似乎比上帝拥有更多的自由,因为我们有能力行善或作恶,而上帝却没有。在中世纪,对这个难题的一个常见回答是,上帝的自由不同于我们的自由。上帝的自由是一种更完美的自由,一种摆脱了罪和诱惑的自由,换句话说,一种**自我完善**的自由。

沃尔夫对自我完善的自由的现代构想与中世纪的构想不尽相同。她要求我们有**能力**出于正确理由做正确事情,或者按照真与善来行动(这种能力是乔乔所不具有的)。但是,哪怕是我们当中具有这种能力的人也往往可能达不到这个目标,也可能没有出于正确理由做正确事情(在这方面我们不像圣徒)。然而,既然我们至少有按照真与善来行动的能力,即便我们做不到,我们也能进行**自我纠正**:我们能够让自己变得更好,**努力**实现自我完善(这是乔乔做不到的)。然而,沃尔夫强调说,这种自我纠正的能力仍然与决定论相容。我们可以改变和纠正我们的天性和教养,但我们不能无中生有地创造自己。因此,自我完善的自由要与意志自由论者所强调的、自由意志所要求的**自我创造**的终极自由区分开来,而对沃尔夫来说,这种终极自由是不可能的。

四 自我决定的自由与形塑自我的自由

到目前为止所讨论的三种自由都是相容论的自由。按照这三种自由的捍卫者的说法,它们都与决定论相容。相比之下,最后两种自由是不相容论或意志自由论的自由。为了介绍这两种自由,让我们再简要地看看乔乔的例子。沃尔夫认为乔乔没有责任,因为他缺乏自我完善的自由。如前所述,不相容论者和意志自由论者对此有不同看法。他们会说,若不更多地了解乔乔的背景,我们就无法判断他是否最终要对他现在的样子负责。如果乔乔的父亲对其成长的影响是如此深刻,以至乔乔是被决定来成为他自己目前的样子——如果乔乔无论如何都不能采取其他做法来避免这种压倒性的影响,那么他最终就不会对自己目前的样子负责。因此,不相容论者会问:是谁和什么决定了乔乔具有他现在具有的意志(品格和动机)?乔乔在这件事上有最终的发言权吗,抑或他是因为他的父亲或者他的出身或成长环境(又或者他无法控制的一些其他因素)而成为现在的样子?

换言之,对不相容论者来说,乔乔的责任取决于他拥有一种进一步的自由,这种自由可以被称为:

自我决定的自由:在你自己创造出来的一个意志(品

格、动机和目的)——你自己在某种程度上**最终**要对其形成负责的意志的意义上，**出于你自己的自由意志**而行动的力量或能力。

正如我们在第八章的路德的例子中看到的，在这种意义上进行自我决定，即出于"你自己的自由意志"而行动，并不要求乔乔或其他行动者当下就有能力采取与之前不同的行为。乔乔的意志可能已经变得如此腐败，以至他不再能够采取与之前不同的行为。但是，如果他自己在某种程度上要为通过其生活史上早期未被决定的行为创造其腐败意志负责，那么他最终有可能还是要为自己所做的事情负责。自我决定的自由因此预设了一种进一步的不相容论的自由，这种自由可以被称为：

形塑自我的自由：以一种不为自己的过去所决定的方式，通过自己具有多元控制力的**设定意志**或**形塑自我**的行动来形塑自己意志的能力。

不相容论者无须否认，前三种相容论的自由是值得向往的、有价值的、重要的自由。不相容论者往往强调，前三种相容论的自由不足以说明真正的意志自由和真正的责任。不相容论者甚至可以承认，自我完善的自由作为一种理想的自由是重要的。但是,他们会坚持认为,当我们思考自由意志和责任时,我们想知道的不仅仅是某人究竟是一个总是做正确事情的圣徒,还是一个像乔乔一样的怪物。我们还想知道,圣徒或怪物是否在某种程度上最终要为他们通过行使自我决定和形塑自我的自由而将自己变为圣徒或怪物负责。①

此外,值得注意的是,虽然自我决定的自由预设了形塑自我的自由,但正如第十一章的讨论所表明的,将二者区分开来很重要。并非所有自我决定的行为都是形塑自我的行为(尽管所有形塑自我的行为都是自我决定的行为)。我们往往是根据一个**已经形成**的意志来行动,我们的行动因此是自我决定的;但那个意志是我们自己的自由意志,因为我们是通过早期**设定意志**或**形塑自我**的行为形成它的。因此,个别的自我决定行动不一定必须是未被决定的,因而也不一定必须是行动者本来就可以不采取的。

那么,有人可能会问,是什么使自我决定的自由成为一种**不相容论**的自由?答案是,虽然个人对自我决定的自由的行使不一定必须是未被决定的,因而也不一定必须是行动者本来就可以不采取的,但自我决定的自由本身不能存在于**一个被决定的世界中**。因为它不可能存在,除非行动者生活史中

---

① 乔纳森·雅各布斯为如下说法提供了支持:像乔乔这样的道德怪物可以对他们成为的样子以及他们的行为方式负责,即使他们现在已经腐败到了不再能够采取与之前不同的行为的地步。见 Jonathan Jacobs, *Choosing Character* (Ithaca, NY: Cornell University Press, 2002)。

的**某些**行为是未被决定的,因此他们本来就可以采取其他行动,即形塑自我的行动。

在反对这些主张时,相容论者通常论证说,自我决定的自由并不要求这种未被决定的形塑自我或创造自我的自由。相容论者会争辩说,自我决定的自由**固然**很重要,但它可以用前三种相容论的自由中的一种或多种来解释——例如,最有可能的是,被解释为自我实现和反思性自我控制的结合。他们可能会说,**自我决定**就是能够按照自己**认同**或**全心全意地**接受的真实自我或深层自我来决定自己的行动;或者能够按照自己的理性或**价值观**来控制自己的欲望,以及能够在没有阻碍或障碍的情况下做自己想做的事情。

相较而论,不相容论者会坚持认为,真正的**自我**决定还要求你的真实自我或深层自我,或者你的理性或你的价值观,不能反而完全是由自我之外的东西(或者超越自我的东西)来决定的。你自己必须对成为你所成为的那种人负有部分责任。因此这就会涉及自由意志问题。相容论者和不相容论者都认为,那种进一步的**自我决定**的自由对自由意志很重要。但是,相容论者愿意将自我决定的自由还原为前三种自由中的某一种(相容论的)自由,而不相容论者则坚持认为,为了说明真正的自由意志和责任,自我决定的自由就必须超越前三种自由,被扩展到第五种自由,即形塑自我的自由。

正如我们在本书中已经看到的,要在这场复杂的争论中

第十四章 结语:五种自由观

确定哪一方是正确的,就必须处理许多其他问题:自由意志和责任是否要求有能力采取与之前不同的行为或者具有可供取舍的可能性(第八章至第十章)?决定论是否和采取与之前不同的行为的能力相容(第二章和第三章)?决定论是否与终极责任相容(第十一章)?我们是否能够理解与决定论不相容的自由意志(第四章至第六章)?这样一种自由意志是否需要心身二元论或者特殊的因果关系(第五章和第六章)?这样一种自由意志是否符合关于宇宙和人类的现代科学知识(第十二章)?什么样的自由意志与相信上帝是全能、全善、全知的宗教信仰相一致(第十三章)?如果终极责任和自由意志要求形塑自我或创造自我的力量,就像不相容论者所强调的那样,那么像我们这样的生物真的有可能拥有自由意志吗,抑或自由意志就像尼采所说的那样,是"迄今为止所设想的最好的自相矛盾"?如果终极责任所要求的那种意义上的自由意志是不可能的,那么我们能够在不相信自由意志的情况下生活吗?

回答这些问题与我们如何看待自己、我们在宇宙中的位置以及我们生活的意义有很大关系。这些都是自由意志问题(就像所有伟大的哲学问题一样)的研究最终要设法解决的议题。

索 引

(索引所标页码系本书英文版页码,即中译本边码)

A

Accidents 偶然事件 125—126

Actions 行动

    causal theory of 行动的因果理论 60—61

    causation vs. unconstraint in 行动中的因果关系与无约束 18—19

    events and 事件与行动 59—60

    free 自由行动 53,57,60,63,155,156,157

    freedom of 行动自由 14,17,93,95,97,122,128,130

    nature of 行动的本质 53—54

    self-forming 形塑自我的行动(见"形塑自我的行动"条目)

    simple indeterminism on 关于行动的简单的非决定论 53—57

sources or origins of 行动的来源或根源 120—122,123,131

Ultimate Responsibility and 终极责任与行动 120—122,123,125—126,131

will-setting (see Will-setting) 设定意志的行动（参见"设定意志"条目）

will-settled 被意志设定的 128

Actish phenomenal quality 行为般的现象性质 54,56

Acts of will 意志行为（参见"意愿"条目）

Adams, Robert 罗伯特·亚当斯 159

Addictions 成瘾 94—95,101,117,163,165—166,167

Admiration 钦佩 76—77

Agency 能动性 143—145

Agent-causation 行动者因果关系 44—51,53,57—60,62—64,133

　assessing 评价行动者因果关系 47—48

　causal indeterminism vs. 因果非决定论与行动者因果关系 64

　causal theory of action vs. 行动的因果理论与行动者因果关系 61

　immanent 内在的行动者因果关系 46—47,48,49,50—51,57

　non-event type 非事件类型的行动者因果关系 45—46,57,60,62—64,132

　randomness and 随机性与行动者因果关系 48—51

　revisited 再访行动者因果关系 57—59

　transeunt 外在的行动者因果关系 46,47,48,57

Aitiai 解释 123

Akrasia 不能自制 99

Alfred P. Murrah Building, bombing of 艾尔弗雷德·默拉联邦大楼爆炸案 67

Alternative possibilities (AP) 可供取舍的可能性 6—7,80—92,173（亦可参见"可供取舍的可能性原则"条目）

 freedom of reflective self-control and 可供取舍的可能性与反思性自我控制的自由 167—168,185

 reactive attitude theories on 反应态度理论对可供取舍的可能性的看法 112,113

 rejection of 对可供取舍的可能性的拒斥 81

 robust 强大的可供取舍的可能性 87,91

 semi-compatibilism on 半相容论对可供取舍的可能性的看法 115,116,117,118

 Ultimate Responsibility and 终极责任与可供取舍的可能性 120—121,123,124—126,129—130

 will-setting and 设定意志与可供取舍的可能性 126—128

Ambivalence 三心二意 96—97,98

Aquinas, Saint Thomas 圣托马斯·阿奎那 152—154,157

Arbitrariness 任意性 144—145

Archai 来源/根据 123

Aristotle 亚里士多德 5,6,12,46,103,121,123,165

Ascent Problem 上山问题 33—34,69—70,120

Asymmetry thesis 不对称性论点 103

Augustine, Saint 圣奥古斯丁 85,149,150—151

Austin, J. L. 约翰·奥斯丁 124—126

Austin-style examples 奥斯丁式案例 124—126,128,136

Autonomy 自主性 44

Ayer, A. J. 阿尔弗雷德·艾耶尔 18

B

Behavioral engineering 行为工程 101,118

Behaviorism 行为主义 4（亦可参见"《瓦尔登湖第二》"条目）

Berkowitz, David（"Son of Sam"）大卫·伯科维茨（"山姆之子"）102

Blackburn, Simon 西蒙·布莱克本 42

Blame 责备 109—111

Blockage 阻挡 89—92

Boethius 波埃修斯 152—154,157

Brain 大脑 10,133—134,135（亦可参见"心身二元论"条目）

   choice and 选择与大脑 142—143

   parallel processing by 大脑的并行处理 137—139,144

Brainwashing 洗脑 15

Brave New World（Huxley）《美丽新世界》（赫胥黎）3,19

Buridan, Jean 让·布里丹 37

Buridan's ass 布里丹的驴 37

C

Causal indeterminism 因果非决定论 64—65

Causal theory of action 行动的因果理论 60—61

Causa sui 自因 71—72,123

Causation/causes 因果关系/原因 53—66（亦可参见"行动者因果关系"和"简单的非决定论"条目）

    constraint confused with 与因果关系/原因相混淆的约束 18—19

    determinism and 决定论与因果关系/原因 61—64

    divine foreknowledge vs. 神的预知与因果关系/原因 150

    explanations in terms of 按照因果关系/原因提出的解释 53—59

    final 最终原因 39

    uncaused 无前因的原因 33,47,123,132

    will-setting and 设定意志与因果关系/原因 127,128

Chance 机遇

    causal indeterminism and 因果非决定论与机遇 64—65

    indeterminism and 非决定论与机遇 37—38,140—142

    in K-worlds K 世界中的机遇 126

    Libertarianism and 意志自由论与机遇 34,35,45

Chaos theory 混沌理论 133—135

Character examples 品格例子 82,83,84,121

Chisholm, Roderick 罗德里克·齐硕姆 45,46—47,48,50—51,57,60

Choice 选择 59

    causal theory of action on 行动的因果理论对选择的看法 61

    freedom of 选择的自由 6—7,14—15,17

    indeterminism on 非决定论对选择的看法 142—145

Choosing Character (Jacobs)《选择品格》(雅各布斯) 104

Clarke, Randolph 伦道夫·克拉克 62—64

Classical compatibilism 古典相容论 13—14, 16, 18—19, 35, 166
　assessing 评价古典相容论 21—22
　Consequence Argument and 后果论证与古典相容论 26—31
　defined 对古典相容论的定义 13
　freedom of self-realization and 自我实现的自由与古典相容论 163—164
　hierarchical theories vs. 层级理论与古典相容论 95
　newcompatibilism vs. 新相容论与古典相容论 93—94, 105

Coercion 强迫 3, 15, 18, 163

Columbine High School shooting 哥伦拜恩高中枪击案 68, 122（亦可参见"埃里克·哈里斯"和"迪伦·克莱伯德"条目）

Compatibilism 相容论 12—22, 31, 78, 124, 173（亦可参见"古典相容论""不相容论""新相容论"条目）
　agent-causation and 行动者因果关系与相容论 58
　causal theory of action and 行动的因果理论与相容论 61
　on confusion about determinism 相容论对关于决定论的混淆的看法 17—22
　Consequence Argument and 后果论证与相容论 26—31
　defined 相容论的定义 12
　definitions of freedom in 相容论对自由的定义 13—15
　Frankfurt-type examples and 法兰克福式案例与相容论 88

317

hard determinism vs. 强硬决定论与相容论 69—70,71

　　Honderich's view vs. 杭德里克的观点与相容论 74—75

　　Libertarianism vs. 意志自由论与相容论 32

　　predestination and 预定与相容论 148,149

　　semi- 半相容论 115—119

　　simple indeterminism and 简单的非决定论与相容论 58

　　Strawson's Basic Argument and 斯特劳森的基本论证与相容论 73—74

Compatibility Question 相容性问题 7,10,164

Compulsions 强制 18,94,101,117,163,166,167

Conflicts 冲突 135—137

Consequence Argument 后果论证 23—31,32,80—81

　　assessing 评价后果论证 24—26

　　defense of 对后果论证的捍卫 28—31

　　divine foreknowledge and 神的预知与后果论证 151—152

　　objections to 对后果论证的异议 26—28

　　premises of 后果论证的前提 23—24

　　Rule Alpha 阿尔法规则 25

　　Rule Beta 贝塔规则 25—26,28,29

　　semi-compatibilism and 半相容论与后果论证 115,116

Constraints 约束

　　causation confused with 混淆因果关系与约束 18—19

　　Consequence Argument and 后果论证与约束 27—28

determinism confused with 混淆决定论与约束 18

external 外在约束 93,163,165

freedom as the absence of 自由作为缺乏约束 13—14,93

on freedom of reflective self-control 对反思性自我控制的约束 165—166

on freedom of self-realization 对自我实现的自由的约束 163

internal 内在约束 93—94,163,165—166

Libertarianism on 意志自由论对约束的看法 35

Control 控制

determinism confused with 混淆决定论与控制 19

guidance 引导性控制 116—118,119

Libertarianism on 意志自由论对控制的看法 35

plural voluntary 多元自愿控制 138,143

regulative 调节性控制 116—117

self- 自我控制（参见"自我控制"条目）

ultimate 终极控制 15—16

Counterfactual intervener 反事实干预者 89

Counterfactuals of freedom 关于自由的反事实条件句 158,159,160

Crime 犯罪 75—76,107—108

D

Dahmer, Jeffrey 杰弗里·达默 102

Darrow, Clarence 克拉伦斯·达罗 70,114

Deep Blue (computer chess player) 深蓝(计算机国际象棋大师)10

Deeper freedom of the will 深层的意志自由(参见"意志自由"条目)

Deliberation 慎思 64—65

Dennett, Daniel 丹尼尔·丹尼特 7,19,20,65,81—82

Descartes, René 勒内·笛卡尔 40,41

Descent Problem 下山问题 33—34,38,69—70,120

Desires 欲望(亦可参见"一阶欲望""高阶欲望""二阶欲望"条目)

   reason vs. 理性与欲望 99—101,105,166,167,169

   values vs. 价值观与欲望 98—99,101,166,169

Determinism 决定论 1,5—7,134(亦可参见"相容论""强硬决定论""不相容论""意志自由论""科学"条目)

   alleged confusion over 所谓关于决定论的混淆 17—22

   causal theory of action and 行动的因果理论与决定论 61

   causation and 因果关系与决定论 61—64

   core idea of 决定论的核心观念 5—6

   freedom of self-perfection and 自我完善的自由与决定论 170

   freedom of self-realization and 自我实现的自由与决定论 164

   reactive attitude theories on 反应态度理论对决定论的看法 108—111,113,114

   soft 温和决定论 22,26,69—70

   Ultimate Responsibility and 终极责任与决定论 122—123

Determinist Question 决定论问题 7—10

Deterrence 威慑 75

Divine foreknowledge 神的预知 150—162

    Consequence Argument and 后果论证与神的预知 151—152

    eternalist solutions to 神的预知问题的永恒论解决方案 152—154

    freedom and 自由与神的预知 150—151

    Molinist solution to 神的预知问题的莫利纳主义解决方案 157—160

    Ockhamist solution to 神的预知问题的奥卡姆主义解决方案 154—157

    Open Theism view of 开放的有神论对神的预知的看法 160—162

Divine foreordination 神的预定 150

Divine timelessness 上帝的无时间性（参见"永恒论"条目）

Double, Richard 理查德·道布尔 96,97

Dual regresses 双重倒退 130—131

E

Edwards, Jonathan 乔纳森·爱德华兹 148

Edwards, Paul 保罗·爱德华兹 70

Effort 努力 140

Endorsement of outcomes 认同结果 138,141—142,143

Epicurean philosophers 伊壁鸠鲁派哲学家 9,133,134

Eternalism 永恒论 152—154

Event-causal libertarianism 事件因果意志自由论（参见"因果非决定论"条目）

Events 事件 58—60

Evil 恶 84—85,103—106,148—150

Excuses 原谅 109—111

Explanation, nature of 解释的本质 53—54

Extra-factor strategies 额外因素策略 38—39,40—51,53,132（亦可参见"行动者因果关系""心身二元论""本体自我"条目）

F

Fairness 公平 110

Fatalism 宿命论 19—20

Federalist Papers 联邦党人文集 78

Final causes 最终原因 39

First-order desires 一阶欲望 94—95,96,97,100,165,166,169

Fischer, John Martin 约翰·马丁·费希尔 87,91,115—119,165,167

Flickers of freedom argument 自由的闪烁论证 85—87

Foreknowledge 预知（参见"神的预知"条目）

Forking paths, garden of 有分叉路径的花园 7,16,17,22,23,115,120

Frankfurt, Harry 哈里·法兰克福 80—81,83—85,93—98,100,101,105—106,111,113,116,118,124,165—166,167,168,169

Frankfurt-type controllers 法兰克福式控制者 84—85,88,89

Frankfurt-type examples 法兰克福式案例 83—92,111

　defined 对法兰克福式案例的定义 83

　Indeterministic World Objection to 对法兰克福式案例的非决定论世界异议 87—88

new 新法兰克福式案例 88—92

responses to 对法兰克福式案例的回应 85—87

in semi-compatibilism 半相容论中的法兰克福式案例 115,116

Free actions 自由行动 53,57,60,63,155,156,157

Freedom 自由 2—4

as the absence of constraints 自由作为缺乏约束 13—14,93

of action 行动自由 14,17,93,95,97,122,128,130

of choice or decision 选择或决定的自由 6—7,14—15,17

counterfactuals of 关于自由的反事实条件句 158,159,160

deeper 深层自由（参见"意志自由"条目）

divine foreknowledge and 神的预知与自由 150—151

flickers of 自由的闪烁 85—87

free will distinguished from 与自由相区别的自由意志 80

of reflective self-control 反思性自我控制的自由 165—168,170,173

resentment and 怨恨与自由 107—109

responsibility and 责任与自由 115—119

of self-determination and self-formation 自我决定和形塑自我的自由 171—173

of self-perfection 自我完善的自由 168—171,172

of self-realization 自我实现的自由 163—164,165,167,173

social and political 社会与政治自由 164

surface 表层自由 2,3,14,164

"Freedom and Resentment" (Strawson)《自由与怨恨》(斯特劳森) 107

Freedom of will 意志自由 2,3,4,14—16,17,32,51,130
　　newcompatibilism on 新相容论对意志自由的看法 93,94,95,97
　　Platonic view of 柏拉图式的自由观 100

Free Will and Illusion (Smilansky)《自由意志与幻觉》(斯米兰斯基) 78

Free Will and Values (Kane)《自由意志与价值》(凯恩) 87—88

Free Will Defense 自由意志辩护 148—150

Free Will Problem 自由意志问题 1—11

Freud, Sigmund 西格蒙德·弗洛伊德 56

G

Al-Ghazzali 安萨里 37

Ginet, Carl 卡尔·吉内特 28,54,55—56,57,63,87

God 上帝 1,5,6,8,41,47,170—171 (亦可参见"神的预知""K 世界""预定""宗教信念"条目)
　　Frankfurt-type examples and 法兰克福式案例与上帝 84—85
　　semi-compatibilism on 半相容论对上帝的看法 118
　　Ultimate Responsibility and 终极责任与上帝 123

Goetz, Stewart 斯图尔特·戈茨 57—58,60

Good 善 103—106

Greek philosophers 古希腊哲学家 148

Guidance control 引导性控制 116—118,119

H

Haji, Ishtiyaque 伊西提雅克·哈吉 113

Hard determinism 强硬决定论 32,68—71,75,78

    kernel of 强硬决定论的核心观念 71,77

    personal relations and 个人关系与强硬决定论 77

    theses of 强硬决定论的论点 70

    Hard facts 硬事实 154—157

Hard incompatibilism 强硬的不相容论 71,75,77,78

Harris, Eric 埃里克·哈里斯 68,69,73,122

Hartshorne, Charles 查尔斯·哈茨霍恩 160

Hasker, William 威廉·哈斯克 159

Heisenberg uncertainty principle 海森堡不确定性原理 8

Hierarchical motivation theories 层级动机理论 93—95（亦可参见"一阶欲望""高阶欲望""认同""二阶欲望""全心全意"条目）

Higher-order desires 高阶欲望 94—95,97,98,101,105,166

Hobart, R. E. 霍巴特 56

Hobbes, Thomas 托马斯·霍布斯 12,13,22,93,164

Holbach, Baron d' 霍尔巴赫 70

Honderich, Ted 泰德·杭德里克 9,74—75,77,78,79,134

Human genome mapping 人类基因组图谱 10

Human rights 人权 164

Hume, David 大卫·休谟 12,13,18—19,22,37,72—73,93,164

Hunt, David 大卫·亨特 89

Huxley, Aldous 奥尔德斯·赫胥黎 3

Hypnosis 催眠 15

Hypothetical / conditional analysis 假设分析/条件分析 16,26—31

I

Identification 认同 96,173

Illusion of free will 自由意志幻觉 74—79,109

    living without 没有自由意志幻觉的生活 74—76

    Nietsche on 尼采论自由意志幻觉 72,74

Immanent causation 内在因果关系 46—47,48,49,50—51,57

Immaterial minds/selves 非物质性的心灵/自我 33,39,47,132,133

Incompatibilism 不相容论 22,23—31,60,69,108（亦可参见"相容论""后果论证""强硬决定论""意志自由论"条目）

    defined 不相容论的定义 23

    Frankfurt-type examples and 法兰克福式案例与不相容论 88

    freedom of self-determination/formation and 自我决定/形塑自我的自由与不相容论 171—174

    freedom of self-perfection and 自我完善的自由与不相容论 169

    hard 强硬的不相容论 71,75,77,78

    predestination and 预定与不相容论 149

    Ultimate Responsibility and 终极责任与不相容论 120,121,124

Incompatibilist Mountain 不相容论之山 34,69—70,120

Indeterminism 非决定论 16,17,33—39,40（亦可参见"意志自由论""简单的非决定论"条目）

 bogeyman of 非决定论的怪物 34—36

 causal 因果非决定论 64—65

 challenges to 对非决定论的挑战 140—142

 choice and 选择与非决定论 142—145

 conflicts and 冲突与非决定论 135—137

 parallel processing and 并行处理与非决定论 137—139,144

 science and 科学与非决定论 8—10,132—145

 Ultimate Responsibility and 终极责任与非决定论 124—126,130,132—133

 will-setting and 设定意志与非决定论 126—128

Indeterminist Condition 非决定论条件 38—39,40,41,45

Indeterministic World Objection 非决定论世界异议 87—88

Insanity 精神失常 111,167（亦可参见"精神健全"条目）

Intentionality 意向性 128—130,137

Intentions 意图 55—56,57,61

J

Jacobs, Jonathan 乔纳森·雅各布斯 104

James, William 威廉·詹姆斯 12

Judas 犹大 113—115,118

K

Kant, Immanuel 伊曼努尔·康德 12,32,33,42—44,47,51

Klebold, Dylan 迪伦·克莱伯德 68,69,73,122

Koran《古兰经》148

K-worlds K世界 126—128,130

L

Laplace, Marquis de 拉普拉斯 8,9

Laplace's Demon 拉普拉斯妖 8,64,65

Laws of nature 自然法则 19,23—24,115（亦可参见"后果论证"条目）

    agent-causation and 行动者因果关系与自然法则 63

    Kant on 康德论自然法则 43—44

    Libertarianism on 意志自由论对自然法则的看法 35—36,38—39

    mind-body dualism and 心身二元论与自然法则 40—42

Lazy sophism 懒惰的诡辩 20

Leibniz, Gottfried 戈特弗里德·莱布尼茨 36,55

Leopold, Nathan 内森·利奥波德 70,114

Libertarian Dilemma 意志自由论困境 33—34,45,51（亦可参见"上山问题""下山问题""不相容论之山"条目）

Libertarianism 意志自由论 32—36,38—39,40—51,53,60,64—65,77,78（亦可参见"额外因素策略""不相容论""非决定论"条目）

  agent-causation and 行动者因果关系与意志自由论 51,62—63

  causal theory of action vs. 行动的因果理论与意志自由论 61

  defined 意志自由论的定义 32—33

  divine foreknowledge and 神的预知与意志自由论 153

  freedom of self-determination / formation and 自我决定/形塑自我的自由与意志自由论 171—174

  freedom of self-perfection and 自我完善的自由与意志自由论 169

  hard determinism vs. 强硬决定论与意志自由论 69,70,71

  Nietzsche on 尼采论意志自由论 72

  political 政治领域中的自由至上论 33

  predestination and 预定与意志自由论 149

  science and 科学与意志自由论 132—133,143,145

  Strawson's Basic Argument and 斯特劳森的基本论证与意志自由论 73—74

  Ultimate Responsibility and 终极责任与意志自由论 120,122

Liberty of indifference 无差别的自由 37

Living Without Free Will (Pereboom)《没有自由意志的生活》(佩里布) 75—76

Locke, John 约翰·洛克 12,83

Loeb, Richard 理查德·洛布 70,114

Love 爱 76—77

Luck 运气

  agent-causation and 行动者因果关系与运气 49—50,51

indeterminism on 非决定论对运气的看法 37—38,39,140—142

Luther, Martin 马丁·路德 81—83,84,121,127,130—131

M

McKenna, Michael 迈克尔·麦肯纳 29

McVeigh, Timothy 蒂莫西·麦克维 67—68,69,73

Madison, James 詹姆斯·麦迪逊 78

Manipulation 操纵 2—3,118

Matrix, The (film)《黑客帝国》(电影) 78,79

Mechanism 机械论 20—21

Medieval philosophy 中世纪哲学 36—37,170—171

Mele, Alfred 阿尔弗雷德·米利 38,56,65,90—92

Metaphysics 形而上学 123

Middle knowledge 中间知识 157—160

Mill, John Stuart 约翰·斯图尔特·密尔 12,13,19,22,93,164

Milton, John 约翰·弥尔顿 1

Mind-body dualism 心身二元论 40—42,44,63—64,173

Molina, Luis de 路易斯·德·莫利纳 157—160

Moral law 道德法则 43—44

Moral responsibility 道德责任 110—113,115,167

Motivational systems 动机系统 99,100

Motivation and Agency (Mele)《动机与能动性》(米利) 56

Muhammad (founder of Islam) 穆罕默德(伊斯兰教创建者) 148

Munchausen, Baron 孟乔森男爵 72

N

Nature 自然（参见"自然法则"条目）

Necessity 必然性 1,5—6（亦可参见"决定论"条目）

Neuroses 神经症 117,163,166

Neurotransmitters 神经递质 133

Newcompatibilism 新相容论 81,92,93—106（亦可参见"层级动机理论""认同""反应态度理论""真实[深层]自我""全心全意"条目）

    freedom of reflective self-control and 反思性自我控制的自由与新相容论 165—168

    on good and evil 新相容论对善恶的看法 103—106

Newtonian physics 牛顿物理学 8,9,43

Nietzsche, Friedrich 弗里德里希·尼采 72,74,79,123,132,169,174

Non-event agent-causation 非事件的行动者因果关系 45—46,57,60,62—64,132

Nonmaterial selves 非物质性的自我（参见"非物质性的心灵/自我"条目）

Non-Reality of Free Will, The (Double)《自由意志的非实在性》（道布尔）96

Normative competence 规范能力 102,105,167

Noumena 本体 43

Noumenal selves 本体自我 33,34,39,42—44,47,132

O

Obsessions 痴迷 163,166

Ockham, William of 奥卡姆的威廉 154—157

O'Connor, Timothy 蒂莫西·奥康纳 57,58,60,62,63—64

Oklahoma City bombing 俄克拉何马市爆炸案 67—68（亦可参见"蒂莫西·麦克维"条目）

Omniscience, of God 上帝的全知 150,153,157,158,159,160

On the Free Choice of the Will (Augustine)《论意志的自由选择》（圣奥古斯丁）150

Open future view 开放未来观点 6—7,65（亦可参见"可供取舍的可能性"条目）

Open Theism 开放的有神论 160—162

P

Paradise Lost (Milton)《失乐园》（弥尔顿）1

Parallel processing 并行处理 137—139,144

Past experiences 过去的经验（参见"先前事件"条目）

Pereboom, Derk 德克·佩里布 71,75—77,78,79

Personal relations 个人关系 76—77

Phenomena 现象 43

Phenomenal self 现象自我 44

Physics 物理学 8—10,43,133—135

Physics（Aristotle）《物理学》（亚里士多德）46

Plato 柏拉图 99—101,165,166

Plurality conditions 多元性条件 128—130

Plural voluntary control 多元自愿控制 138,143

Predestination 预先注定/预定 90,147—150

Prime movers unmoved 不被推动的第一推动者 33,34,123,132

Principle of Alternative Possibilities（PAP）可供取舍的可能性原则 80—92,111（亦可参见"品格例子""法兰克福式案例"条目）

Prior events 先前事件,15—17,23—24（亦可参见"后果论证"条目）
 agent-causation and 行动者因果关系与先前事件 45,49,50,57,58
 causal theory of action on 行动的因果理论对先前事件的看法 61
 indeterminism on 非决定论对先前事件的看法 37—38
 Libertarianism on 意志自由论对先前事件的看法 35—36,38—39
 mind-body dualism and 心身二元论与先前事件 41—42

Psychoanalysis 精神分析 10,56,94

Punishment 惩罚 3,75—76

Q

Quantum physics 量子物理学 8—10,43,133—135

Quarantine analogy 隔离类比 75—76,102

Qur'an（Koran）《古兰经》148

R

Randomness 随机性 37,43,48—51,62

Rationality 合理性 128—130,136,144

Rational self-control 理性的自我控制（参见"反思性自我控制"条目）

Ravizza, Mark 马克·拉维扎 117,118

Reactive attitude theories 反应态度理论 107—119

    challenges to 对反应态度理论的挑战 111—115

    on excuses and blame 反应态度理论对原谅和责备的看法 109—111

    on freedom and resentment 反应态度理论对自由和怨恨的看法 107—109

    premises of 反应态度理论的前提 111

Real (Deep) Self 真实（深层）自我 101—102,169,173

Reason 理性

    desire vs. 欲望与理性 99—101,105,166,167,169

    freedom of self-determination/formation and 自我决定/形塑自我的自由与理性 173

    practical 实践推理 43—44

    theoretical 理论推理 44

Reasons (motives; purposes) 理由（动机；目的）55—56

    agent-causation and 行动者因果关系与理由 63

    explanations in terms of 按照理由提出的解释 53,54

indeterminism on 非决定论对理由的看法 36—37

in K-worlds K 世界中的理由 126—128

simple indeterminism on 简单的非决定论对理由的看法 53,54,60—61

Reasons-responsiveness 回应理由 117,118,119

Reason View 理性观 103

Reflective self-control 反思性自我控制 111,113,115,169

freedom of 反思性自我控制的自由 165—168,170,173

Reflective self-evaluation 反思性自我评价 94,95,98—99,105,165,169

Reform and rehabilitation 改造与恢复 75

Regresses 倒退

agent-causation and 行动者因果关系与倒退,50—51

dual 双重倒退 130—131

Strawson's Basic Argument on 斯特劳森的基本论证对倒退的看法 72

Ultimate Responsibility and 终极责任与倒退 122—123,127—128,130—131

Regulative control 调节性控制 116—117

Rehabilitation and reform 恢复与改造 75

Reid, Thomas 托马斯·里德 48,57

Religious belief 宗教信念 147—148,174

Republic, The (Plato)《理想国》(柏拉图) 101

Resentment 怨恨 107—109

Responsibility 责任 4—5
    freedom and 自由与责任 115—119
    indeterminism on 非决定论对责任的看法 140—142
    Libertarianism on 意志自由论对责任的看法 35
    moral 道德责任 110—113, 115, 167
    semi-compatibilism on 半相容论对责任的看法 115—119

Retribution theory of punishment 惩罚的报应理论 75, 76

Robb, David 大卫·罗布 90—92

Rosen, Gideon 吉迪恩·罗森 113—115, 118

Rowe, William 威廉·罗维 147—148, 149, 154

Rumi, Jalalu'ddin 莫拉维·贾拉鲁丁·鲁米 1

Russell, Bertrand 伯特兰·罗素 42

S

Sanity 精神健全 102—103, 105（亦可参见"精神失常"条目）

Schoeman, Ferdinand 费迪南·斯库曼 75, 76, 102

Schopenhauer, Arthur 阿瑟·叔本华 35, 37

Schrödinger, Erwin 埃尔温·薛定谔 42

Science 科学 1, 7—10, 132—146, 173—174（亦可参见"量子物理学"条目）
    choice and 选择与科学 142—145
    conflicts and 冲突与科学 135—137

Kant on 康德论科学 43,44

parallel processing in 科学中的并行处理 137—139,144

Scopes trial 斯科普斯审判 70

Second-order desires 二阶欲望 94—95,96,97,100,165,169

Self-control 自我控制 99,100（亦可参见"反思性自我控制"条目）

Self-determination, freedom of 自我决定的自由 171—173

Self-formation, freedom of 形塑自我的自由 171—173

Self-forming actions (SFAs) 形塑自我的行动 130—131,142,143,145, 172,173

    conflicts and 冲突与形塑自我的行动 135—137

    parallel processing and 并行处理与形塑自我的行动 137—139

Self-perfection, freedom of 自我完善的自由 168—171,172

Self-realization, freedom of 自我实现的自由 163—164,165,167,173

Semi-compatibilism 半相容论 115—119

Significance of Free Will, The (Kane)《自由意志的重要性》(凯恩),82

Simple indeterminism 简单的非决定论 53—59,62

    causal indeterminism vs. 因果非决定论与简单的非决定论 64

    causal theory of action vs. 行动的因果理论与简单的非决定论 61

    main points of 简单的非决定论的要点 53—54

    objections to 对简单的非决定论的异议 55—57

Skepticism 怀疑论 67—79（亦可参见"强硬决定论""斯特劳森的基本论证"条目）

Skinner, B. F. 伯尔赫斯·弗雷德里克·斯金纳 3—4,97,118

Smilansky, Saul 索尔·斯米兰斯基 77—78,109

Soft determinism 温和决定论 22,26,69—70

Soft facts 软事实 154—157

Stoics 斯多亚学派 12,165,166

Strawson, Galen 盖伦·斯特劳森 71—72,79,123,132,169

Strawson, P. F. 彼得·斯特劳森 107—109,110,111,114,115

Strawson's Basic Argument 斯特劳森的基本论证 71—74,122

Surface freedoms 表层自由 2,3,14,164

T

Taylor, Richard 理查德·泰勒 46,47—48

Theism 有神论 149—150

    Open 开放的有神论 160—162

Transempirical power centers 超经验的力量中心 33,34

Transeunt causation 外在因果关系 46,47,48,57

Transfer of Powerlessness Principle 无能转移原则 25

U

Ultimate Responsibility (UR) 终极责任 120—131,173,174（亦可参见"K世界""形塑自我的行动""设定意志"条目）

    Austin-style examples 奥斯丁式案例 124—126,128

    divine foreknowledge and 神的预知与终极责任 156

indeterminism and 非决定论与终极责任 124—126,130,132—133

plurality conditions and 多元性条件与终极责任 128—130

predestination and 预先注定与终极责任 148

regresses and 倒退与终极责任 122—123,127—128,130—131

Uncaused causes 无前因的原因 33,47,123,132

Unconscious 无意识的 56

Unmoved movers 不被推动的推动者（参见"不被推动的第一推动者"条目）

V

Valuational systems 评价系统 99,100

Value experiments 价值实验 144—145

Values 价值观 98—99,101,166,169,173

VanInwagen, Peter 彼得·范·因瓦根 23,24,25,26,28

Volitions 意愿 39,54,56—57（亦可参见"二阶欲望"条目）

Voluntariness 自愿 128—130,136,137,144

W

Walden Two (Skinner)《瓦尔登湖第二》（斯金纳）3—4,19,65,97,101,118,130,164

Wallace, R. Jay 杰伊·华莱士 109—111,112,113—114,115,116,165,167

Waller, Bruce 布鲁斯·沃勒 37—38

Wantons 放荡者 95,96,165

Watson, Gary 加里·沃森 51,58,62,96,97,98—101,105—106,165,166,167,168,169

Weakness of will 意志软弱 99,105,166,168

Whitehead, Alfred North 阿尔弗雷德·诺斯·怀特海 160

Wholeheartedness 全心全意 96—98,169,173

Widerker, David 大卫·威德克 87,88

Will 意志

    conflicts in 意志中的冲突 135—137

    weakness of 意志软弱 99,105,166,168

Will-setting 设定意志 126—130,173

    conflicts and 冲突与设定意志 135

    parallel processing and 并行处理与设定意志 139

    plurality conditions and 多元性条件与设定意志 128—130

Will-settled actions 被意志设定的行动 128

Wolf, Susan 苏珊·沃尔夫 101—106,113,168—171

Wyma, Keith 基思·魏玛 87

Z

Zagzebski, Linda 琳达·扎格泽博斯基 154

译后记

自由意志问题是哲学领域最为激动人心的问题。我个人认为,我们至少可以提出三个理由来支持这个主张。首先,对这个问题的有效探讨涉及多个领域(在哲学内部,涉及形而上学、科学哲学、心灵哲学、行动哲学和道德心理学等,而在哲学外部,则涉及物理学、神经科学、心理学以及进化理论等),因此可以满足我们在理智方面的好奇心,保持这种好奇心是从事任何严肃的哲学工作的一个先决条件。其次,这个问题触及自我理解的一个最重要的方面,即人类自由的本质及其可能性。人们可以以自由之名来追求和实现各种个人目的,来尝试理解一种健全的个人生活的价值和意义。然而,在这样做时,最重要的是要正确地理解自由或自由意志在人类生活中的重要性及其与其他重要的人类价值的关系。不少哲学家

(例如菲利普·佩蒂特[Philip Pettit]等)都已经认识到形而上学意义上的自由与实践领域中的自由的本质联系,而恰当地理解前者也是恰当地理解后者的重要方式或必经之路,否则我们就会扭曲自由在人类生活中的地位。最终,哲学研究本质上应该是开放的,不能墨守成规,也不要自诩权威,各方面的思想资源都可以为我们深入思考哲学问题做出有意义的贡献,而对自由意志问题的研究就典型地示范了哲学工作需要秉承和坚持的这一精神。

罗伯特·凯恩的《当代自由意志导论》早在 2005 年就出版了。最近几年来,也出现了一些这方面的导论性著作,例如海伦·毕比的《自由意志导论》(Halen Beebee, *Free Will: An Introduction* [Palgrave Macmillan, 2013])以及迈克尔·麦肯纳和德克·佩里布合著的《当代自由意志导论》(Michael McKenna and Derk Pereboom, *Free Will: A Contemporary Introduction* [Routledge, 2016])。不过,对于想要初步了解这个重要领域的读者来说,我个人认为凯恩的这部导论目前仍然是最好的:它不仅以深入浅出的语言介绍了该领域中主要的观点和争论,而且通过展现两种主要立场(相容论和不相容论或意志自由论)之间真正的"辩证交锋",呈现了自由意志问题在当代的发展脉络。凯恩的介绍和论述大体上是客观公正的,这有助于读者自己去做出判断和选择,尽管他也恰当地介绍了他自己的观点以及对其观点的可能的批评。就像任何具有根本重要性的哲学问题一样，我们目前对自由意志的本质及其可能性尚无定论，而这本书可以帮助有兴趣的读者迅速进入这个激动人心的领域，领会真正的哲学思想的魅力。

在凯恩的这本书出版后不久，我就将它用作我在北京大学哲学系开设的本科生课程的教材。因此，当广西师范大学出版社约我翻译本书时，我欣然答应，希望更多的读者能够通过它初步了解自由意志问题。我很感谢该出版社的编辑梁鑫磊先生对我的信任。当然，我也期望读者不吝指出译本中存在的各种问题，以便以后有机会加以改进。

徐向东

2024 年 1 月 16 日

大学问，广西师范大学出版社学术图书出版品牌，以"始于问而终于明"为理念，以"守望学术的视界"为宗旨，致力于以文史哲为主体的学术图书出版，倡导以问题意识为核心，弘扬学术情怀与人文精神。品牌名取自王阳明的作品《〈大学〉问》，亦以展现学术研究与大学出版社的初心使命。我们希望：以学术出版推进学术研究，关怀历史与现实；以营销宣传推广学术研究，沟通中国与世界。

截至目前，大学问品牌已推出《现代中国的形成（1600—1949）》《中华帝国晚期的性、法律与社会》等100余种图书，涵盖思想、文化、历史、政治、法学、社会、经济等人文社会科学领域的学术作品，力图在普及大众的同时，保证其文化内蕴。

"大学问"品牌书目

大学问·学术名家作品系列

朱孝远　《学史之道》
朱孝远　《宗教改革与德国近代化道路》
池田知久　《问道：〈老子〉思想细读》
赵冬梅　《大宋之变，1063—1086》
黄宗智　《中国的新型正义体系：实践与理论》
黄宗智　《中国的新型小农经济：实践与理论》
黄宗智　《中国的新型非正规经济：实践与理论》
夏明方　《文明的"双相"：灾害与历史的缠绕》
王向远　《宏观比较文学19讲》
张闻玉　《铜器历日研究》
张闻玉　《西周王年论稿》
谢天佑　《专制主义统治下的臣民心理》
王向远　《比较文学系谱学》
王向远　《比较文学构造论》
刘彦君　廖奔　《中外戏剧史（第三版）》
干春松　《儒学的近代转型》
王瑞来　《士人走向民间：宋元变革与社会转型》
罗家祥　《朋党之争与北宋政治》

大学问·国文名师课系列
龚鹏程　《文心雕龙讲记》
张闻玉　《古代天文历法讲座》
刘　强　《四书通讲》
刘　强　《论语新识》
王兆鹏　《唐宋词小讲》
徐晋如　《国文课:中国文脉十五讲》
胡大雷　《岁月忽已晚:古诗十九首里的东汉世情》
龚　斌　《魏晋清谈史》

大学问·明清以来文史研究系列
周绚隆　《易代:侯岐曾和他的亲友们(修订本)》
巫仁恕　《劫后"天堂":抗战沦陷后的苏州城市生活》
台静农　《亡明讲史》
张艺曦　《结社的艺术:16—18世纪东亚世界的文人社集》
何冠彪　《生与死:明季士大夫的抉择》
李孝悌　《恋恋红尘:明清江南的城市、欲望和生活》
李孝悌　《琐言赘语:明清以来的文化、城市与启蒙》
孙竞昊　《经营地方:明清时期济宁的士绅与社会》
范金民　《明清江南商业的发展》
方志远　《明代国家权力结构及运行机制》
严志雄　《钱谦益的诗文、生命与身后名》
严志雄　《钱谦益〈病榻消寒杂咏〉论释》
全汉昇　《明清经济史讲稿》

大学问·哲思系列
罗伯特·S.韦斯特曼　《哥白尼问题:占星预言、怀疑主义与天体秩序》
罗伯特·斯特恩　《黑格尔的〈精神现象学〉》
A. D. 史密斯　《胡塞尔与〈笛卡尔式的沉思〉》
约翰·利皮特　《克尔凯郭尔的〈恐惧与颤栗〉》
迈克尔·莫里斯　《维特根斯坦与〈逻辑哲学论〉》
M. 麦金　《维特根斯坦的〈哲学研究〉》

G·哈特费尔德 《笛卡尔的〈第一哲学的沉思〉》
罗杰·F.库克 《后电影视觉:运动影像媒介与观众的共同进化》
苏珊·沃尔夫 《生活中的意义》
王浩 《从数学到哲学》
布鲁诺·拉图尔 尼古拉·张 《栖居于大地之上》
罗伯特·凯恩 《当代自由意志导论》
维克多·库马尔 里奇蒙·坎贝尔 《超越猿类:人类道德心理进化史》
许煜 《在机器的边界思考》

大学问·名人传记与思想系列
孙德鹏 《乡下人:沈从文与近代中国(1902—1947)》
黄克武 《笔醒山河:中国近代启蒙人严复》
黄克武 《文字奇功:梁启超与中国学术思想的现代诠释》
王锐 《革命儒生:章太炎传》
保罗·约翰逊 《苏格拉底:我们的同时代人》
方志远 《何处不归鸿:苏轼传》
章开沅 《凡人琐事:我的回忆》

大学问·实践社会科学系列
胡宗绮 《意欲何为:清代以来刑事法律中的意图谱系》
黄宗智 《实践社会科学研究指南》
黄宗智 《国家与社会的二元合一》
黄宗智 《华北的小农经济与社会变迁》
黄宗智 《长江三角洲的小农家庭与乡村发展》
白德瑞 《爪牙:清代县衙的书吏与差役》
赵刘洋 《妇女、家庭与法律实践:清代以来的法律社会史》
李怀印 《现代中国的形成(1600—1949)》
苏成捷 《中华帝国晚期的性、法律与社会》
黄宗智 《实践社会科学的方法、理论与前瞻》
黄宗智 周黎安 《黄宗智对话周黎安:实践社会科学》
黄宗智 《实践与理论:中国社会经济史与法律史研究》
黄宗智 《经验与理论:中国社会经济与法律的实践历史研究》
黄宗智 《清代的法律、社会与文化:民法的表达与实践》

黄宗智 《法典、习俗与司法实践:清代与民国的比较》
黄宗智 《过去和现在:中国民事法律实践的探索》
黄宗智 《超越左右:实践历史与中国农村的发展》
白　凯 《中国的妇女与财产(960—1949)》

大学问·法律史系列
田　雷 《继往以为序章:中国宪法的制度展开》
北鬼三郎 《大清宪法案》
寺田浩明 《清代传统法秩序》
蔡　斐 《1903:上海苏报案与清末司法转型》
秦　涛 《洞穴公案:中华法系的思想实验》
柯　岚 《命若朝霜:〈红楼梦〉里的法律、社会与女性》

大学问·桂子山史学丛书
张固也 《先秦诸子与简帛研究》
田　彤 《生产关系、社会结构与阶级:民国时期劳资关系研究》
承红磊 《"社会"的发现:晚清民初"社会"概念研究》

大学问·中国女性史研究系列
游鉴明 《运动场内外:近代江南的女子体育(1895—1937)》

其他重点单品
郑荣华 《城市的兴衰:基于经济、社会、制度的逻辑》
郑荣华 《经济的兴衰:基于地缘经济、城市增长、产业转型的研究》
拉里·西登托普 《发明个体:人在古典时代与中世纪的地位》
玛吉·伯格等 《慢教授》
菲利普·范·帕里斯等 《全民基本收入:实现自由社会与健全经济的方案》
王　锐 《中国现代思想史十讲》
简·赫斯菲尔德 《十扇窗:伟大的诗歌如何改变世界》
屈小玲 《晚清西南社会与近代变迁:法国人来华考察笔记研究(1892—1910)》
徐鼎鼎 《春秋时期齐、卫、晋、秦交通路线考论》
苏俊林 《身份与秩序:走马楼吴简中的孙吴基层社会》
周玉波 《庶民之声:近现代民歌与社会文化嬗递》

蔡万进等　《里耶秦简编年考证(第一卷)》
张　城　《文明与革命:中国道路的内生性逻辑》
洪朝辉　《适度经济学导论》
李竞恒　《爱有差等:先秦儒家与华夏制度文明的构建》
傅　正　《从东方到中亚——19世纪的英俄"冷战"(1821—1907)》
俞　江　《〈周官〉与周制:东亚早期的疆域国家》
马嘉鸿　《批判的武器:罗莎·卢森堡与同时代思想者的论争》
李怀印　《中国的现代化:1850年以来的历史轨迹》